中国建筑科学研究院有限公司 China Academy of Building Research 组编

LIGHTING TECHNOLOGY 照明技术
INNOVATION AND 创新与应用
APPLICATION SERIES 丛书

U0743240

NIGHTSCAPE LIGHTING
超高层建筑夜景照明
FOR SUPER HIGH-RISE BUILDINGS

主编 王俊 金珠

中国电力出版社
CHINA ELECTRIC POWER PRESS

内 容 提 要

　　《超高层建筑夜景照明》是《照明技术创新与应用丛书》的一个分册，主要介绍了超高层建筑夜景照明设计的手法、设计标准、光污染限制与节能、灯具及其附属配件、配电及控制、安装调试及验收等内容，以及国内最典型的超高层建筑夜景照明案例等。另外，为丰富本书内容，本书特地设立了一个专门的采访板块，邀请相关领域的专家就超高层建筑照明设计中的热点问题进行了深入探讨。这些专家不仅具有丰富的实践经验，还对行业的发展趋势有着敏锐的洞察力，他们的见解和经验将为读者提供宝贵的参考和启示。

　　本书可供照明设计师、建筑师、城市规划师、电气工程师以及相关行业的专业人士阅读，也可供对照明设计感兴趣的读者参考。

图书在版编目（CIP）数据

超高层建筑夜景照明 / 中国建筑科学研究院有限公司组编；王俊，金珠主编. -- 北京：中国电力出版社，2025. 8. -- (照明技术创新与应用丛书). -- ISBN 978-7-5198-9354-5

Ⅰ. TU113.6

中国国家版本馆 CIP 数据核字第 2024N9M813 号

出版发行：中国电力出版社

地　　址：北京市东城区北京站西街 19 号（邮政编码 100005）

网　　址：http://www.cepp.sgcc.com.cn

策划编辑：周　娟

责任编辑：杨淑玲（010-63412602）　未翠霞

责任校对：黄　蓓　王海南

装帧设计：王红柳

责任印制：杨晓东

印　　刷：北京九天鸿程印刷有限责任公司

版　　次：2025 年 8 月第一版

印　　次：2025 年 8 月北京第一次印刷

开　　本：787 毫米×1092 毫米　16 开本

印　　张：13.5

字　　数：317 千字

定　　价：88.00 元

丛书编委会

组编单位 中国建筑科学研究院有限公司

主　　任 赵建平

委　　员（按姓氏笔画排序）

　　　　马　晔　王小冬　王书晓　王　俊

　　　　杨　赟　李战增　张　屹　罗　涛

　　　　金　珠　姚梦明　高雅春　常立强

本书编委会

主编单位　上海麦索照明设计咨询有限公司

主　编　王　俊　上海麦索照明设计咨询有限公司

　　　　　金　珠　上海麦索照明设计咨询有限公司

副主编　麻　宁　上海麦索照明设计咨询有限公司

　　　　　徐劲松　上海艺嘉智慧科技集团有限公司

　　　　　王建设　广州仁迪照明科技有限公司

编写人员　李志业　云梭超高层（上海）灯光设计中心

　　　　　姚梦明　昕诺飞（中国）投资有限公司

　　　　　杨耀阳　万科企业股份有限公司

　　　　　汪　灵　绿地控股集团有限公司

　　　　　何满泉　融创东南区域杭州腾嘉汇盈企业管理有限公司

　　　　　侯　阳　沈阳农业大学

　　　　　任绍辉　沈阳航空航天大学

　　　　　沈小锋　华纳工程咨询（北京）有限公司

　　　　　夏　林　同济大学建筑设计研究院（集团）有限公司

　　　　　王泓博　上海光联照明有限公司

　　　　　姚　进　安徽派蒙特环境艺术科技有限公司

　　　　　李五强　重庆强瑞智慧科技有限公司

　　　　　姚新华　恒丽建设集团有限公司

　　　　　吴炳辉　厦门市朗星科技股份有限公司

　　　　　陈连飞　浙江瑞林光环境集团有限公司

　　　　　徐　伟　四川省原朗照明科技有限公司

　　　　　王伟东　江苏宏洁智慧科技有限公司

贺勇强　奥斯福集团有限公司

徐松炎　杭州勇电照明有限公司

陈运东　广东流星宇数码照明有限公司

胡协春　上海林龙建设工程有限公司

任海超　深圳磊飞照明科技有限责任公司

黄远达　广西华浦市政工程有限公司

汪应冰　武汉上上电气工程有限公司

唐小林　苏州中明光电有限公司

邹雅迪　上海麦索照明设计咨询有限公司

郝占国　内蒙古工业大学

王　鹏　成都博尊光艺科技有限公司

丁　超　迎辉电气集团有限公司

关景瑞　北京富润成照明系统工程有限公司

黄荣丰　广州市雅江光电设备有限公司

陆桃丰　上海派江实业有限公司

王　鹏　山西晶彩照明节能技术有限公司

封面设计　荆　璐　中国建筑科学研究院有限公司

总 序

在人类社会发展的历程中，照明始终是文明进步的重要驱动力之一。从最初的篝火、火把，到近现代的电光源（热辐射光源、气体放电光源、半导体照明光源等），照明控制也从电气控制走向数字控制、智能控制，照明需求也由满足基本视觉功能要求转向绿色、低碳、健康、智能的按需照明。照明技术不断推陈出新，不仅满足了人们日益增长的光环境需求，而且极大地推动了社会经济的发展和人类文明的进步。

中国建筑科学研究院有限公司（简称中国建研院）是全国建筑行业最大的综合性研究和开发机构之一，承担了我国主要的建筑工程标准规范的编制工作，并创建了我国第一代建筑工程光环境标准体系。先后主编完成了《建筑采光设计标准》（GB 50033）、《建筑照明设计标准》（GB/T 50034）、《绿色照明检测及评价标准》（GB/T 51268）、《体育场馆照明设计及检测标准》（JGJ 153）、《城市道路照明设计标准》（CJJ 45）、《城市夜景照明设计规范》（JGJ/T 163）、《LED室内照明应用技术要求》（GB/T 31831）等一系列照明应用标准的编制及修订工作，开展了诸如中国人眼的视功能曲线、室内外眩光限制、光源显色性评价、照明功率密度限制、照明对健康的影响因素、智能照明技术、直流照明技术、低碳照明技术等领域的研究，为国家标准的编制奠定了坚实的基础。

随着科技的飞速发展，照明技术也日新月异。尤其是近年来，绿色低碳观念深入人心，健康照明逐步得到社会的广泛关注，人们更加注重安全、舒适、健康、绿色、低碳、环保和智能化的照明。为了帮助广大读者更好地了解和应用照明新技术，中国建筑科学研究院有限公司会同相关单位组织编写了《照明技术创新与应用丛书》。

本丛书力求将复杂的知识点进行简化，用通俗易懂的语言进行阐述，以便读者阅读和理解。同时，丛书也注重运用最新的规范和标准，并与实际案例相结合，通过案例分析帮助读者更好地理解和运用所学知识。

本丛书分为三辑：第一辑包括《照明技术基础》《办公建筑照明》《体育建筑照明》《博物馆建筑照明》《超高层建筑夜景照明》五个分册；第二辑包括《城市夜景照明》《城市更新照明》《医疗建筑照明》《教育建筑照明》《商店建筑照明》《城市道路照明》六个分册。随着照明技术与应用的不断进步和发展，我们将继续组织编写第三辑。

本丛书在编写过程中，借鉴和参考了大量相关文献和资料，同时融合了中国建筑科学研究院有限公司多年编制国家、行业规范和标准的实践经验及研究成果，并得到了相关专家学者的悉心指导与热心支持，在本丛书付梓之际，向他们表示诚挚的感谢，并致以崇高的敬意。

衷心感谢广大读者的支持与关注，希望您能够在阅读本丛书的过程中有所收获和启示。同时，我们也期待您在未来的学习和工作中能够不断探索和创新，为推动我国照明技术的进步和照明行业的可持续发展做出更大的贡献。

《照明技术创新与应用丛书》编委会主任

2025 年 6 月

前 言

对于超高层建筑而言，照明设计不仅仅是为了照亮夜晚的城市天际线，更是一门艺术和科学的完美结合。在这个挑战性的领域，我们深耕了十余年，遇到了许多优秀的合作团队，也真真切切地摔过很多跟头。在 2025 年上海麦索照明设计咨询有限公司成立 20 周年之际出版这本书，将经验、见解以及编写团队的智慧分享给行业的同仁和热爱建筑美学的读者们，我们深感荣幸。

《超高层建筑夜景照明》一书旨在深入探讨超高层建筑照明的各个方面，从学术体系到标准规范，从技术层面到审美观感，从城市规划到可持续性。这并不仅仅是一本关于灯光和光线的书籍，而且是一部关于城市空间如何在夜幕降临时焕发魅力的故事。在这个数字化时代，我们身处一个日夜交替、光影变幻的城市环境中。超高层建筑作为城市的地标，不仅要在白天展现雄伟的外观，更要在夜晚通过独特的照明设计为城市增色添彩。然而，要在数百米高的建筑上创造出完美的照明效果，会涉及众多复杂的技术挑战和设计考量。

本书从实践出发，深入研究了超高层建筑室外照明的方方面面。我们探讨了照明技术的最新发展，介绍了设计过程中需要考虑的各种因素，包括建筑结构、城市环境、能源效益等。同时，我们探讨了照明设计与建筑美学、文化传承的融合，使读者能够更全面地理解照明在塑造城市夜景中的作用。为了丰富本书内容，我们特地设立了一个专门的采访板块，并邀请了相关领域的专家就超高层建筑照明设计中的热点问题进行了深入探讨。这些专家不仅具有丰富的实践经验，还对行业的发展趋势有着敏锐的洞察力，他们的见解和经验将为读者提供宝贵的参考和启示。

超高层建筑的室外照明设计，其目的在于满足现代城市对美学价值的追求，同时致力于构建宜居、宜业、宜游的优质城市空间。经由缜密的研究与卓越的设计理念相融合，我们能够使照明设计不仅仅局限于夜晚的照明功能，更成为提升城市风貌、增添城市魅力的有力手段，进而为居民与工作者创造出更为愉悦、舒适的居住与工作环境。

为了达到这个目标，我们梳理了超高层建筑夜景工程各个环节的要点和知识体系，深度调研总结案例的亮点、问题及解决方案，提炼通用经验和指导原则，为学习者和从业者提供实践参考，为未来设计提供启示和方向。

在城市调研层面，关注超高层建筑的普遍规律，积累了300余个项目的亮度、能耗、设备、投资情况等数据，总结规律。调研涉及不同地理、气候、文化背景，提供全面的材料。分析能耗差异，寻找节能设计策略并总结主要发现，提炼通用规律和趋势，展望未来发展方向，探讨创新技术和设计理念，为从业者提供深入、全面的参考。

在专题研究方面，交叉研究典型案例和广泛数据，发现盲点，邀请专家探讨解决方法，进行专题研究。研究不仅在外观和数据分析上，更致力于实际应用和问题解决，为设计提供创新和实用指导，为学术和实践做出贡献。

希望本书能够成为照明设计领域的参考手册，为设计师提供灵感，为决策者提供指导，为热爱城市的读者带来愉悦的阅读体验。在这个光与影的世界中，让我们共同探索如何通过照明设计，为城市注入更多的艺术和生活的精彩。

本书的编写内容如下：特篇　专家采访集；第1章概论；第2章照明设计；第3章光污染与节能；第4章灯具及其附属配件；第5章照明配电及控制；第6章安装、调试及验收；第7章典型案例；第8章研究过程回顾；后记。

本书各章节的主要编写人员为：特篇，王俊；第1章，金珠、麻宁、何满泉、侯阳、郝占国；第2章，王俊、金珠、麻宁、汪灵、任绍辉、杨耀阳；第3章，金珠、李志业、胡协春、贺勇强、黄远达；第4章，麻宁、姚梦明、王泓博、陈运东、徐松炎、任海超、唐小林；第5章，王俊、王建设、徐劲松、姚新华、李五强、汪应冰、邹雅迪、姚进；第6章，金珠、徐劲松、王建设、吴炳辉、王伟东、徐伟、王鹏（山西晶彩照明节能技术有限公司）；第7章，王俊、金珠、陈连飞、关景瑞、黄荣丰；第8章和后记，王俊、金珠。全书由金珠、麻宁进行了统稿，姚梦明、沈小锋、徐劲松、王建设、丁超、夏林、王鹏（成都博尊光艺科技有限公司）、陆桃丰进行了校审。

本书编写过程中，多处引用国家标准、规范、文献、著作，在此一并表示诚挚的谢意。本书的编写凝聚了所有参编人员和专家的集体智慧，在大家辛苦付出下才得以完成。由于编者水平有限，书中不妥之处在所难免，恳请广大读者批评指正。

本书编委会

2025 年 6 月

目 录

总序

前言

特篇　专家采访集 ··· 1

　采访集编者言 ·· 1

　超高层建筑师采访篇 ·· 1

　超高层建设者采访篇 ··· 11

　超高层建筑照明城市管理者采访篇 ··································· 19

　照明专家采访篇 ·· 25

第 1 章　概论 ·· 41

　1.1　引言 ··· 41

　1.2　超高层建筑起源 ··· 42

　　1.2.1　国外古代高层建筑 ·· 42

　　1.2.2　国内古代高层建筑 ·· 43

　1.3　现代超高层建筑 ··· 43

第 2 章　照明设计 ·· 47

　2.1　超高层建筑照明相关术语 ······································· 47

　　2.1.1　超高层建筑 ·· 47

　　2.1.2　色品 ·· 48

　　2.1.3　颜色纯度 ·· 48

　　2.1.4　主波长 ··· 48

　　2.1.5　照度 ·· 48

　　2.1.6　亮度 ·· 48

　　2.1.7　亮度对比 ·· 49

　　2.1.8　颜色对比 ·· 49

　　2.1.9　眩光 ·· 50

　　2.1.10　光污染 ·· 50

　　2.1.11　溢散光 ·· 51

2.1.12 上射光通比 ·· 51

2.1.13 光谱反射比 ·· 51

2.1.14 光谱透射比 ·· 51

2.1.15 泛光照明 ·· 52

2.1.16 直视照明 ·· 52

2.1.17 媒体立面照明 ·· 52

2.1.18 内透照明 ·· 52

2.1.19 光束演绎照明 ·· 52

2.1.20 灯具损坏率 ·· 53

2.1.21 安全特低电压 ·· 53

2.2 超高层建筑照明设计相关标准 ··················· 53

2.3 超高层建筑照明设计分析 ·························· 55

2.3.1 城市分析 ·· 56

2.3.2 尺度分析 ·· 60

2.4 超高层建筑照明设计手法 ·························· 64

2.4.1 表现手法 ·· 64

2.4.2 构思手法 ·· 64

2.4.3 实施手法 ·· 66

第3章 光污染与节能 ······························· 73

3.1 光污染的产生及危害 ································ 73

3.1.1 光污染的产生 ·· 73

3.1.2 光污染的危害 ·· 75

3.2 光污染限制措施 ····································· 76

3.2.1 立面照明参数限制 ··································· 76

3.2.2 灯具参数限制 ·· 77

3.2.3 照明手法限制 ·· 80

3.3 光生态问题 ·· 82

3.3.1 光污染对生态的影响 ································ 82

3.3.2 光生态保护措施 ····································· 83

3.4 光污染防治法规 ····································· 84

3.5 节能技术措施 ······································· 85

3.5.1 照明节能设计理念 ··································· 85

3.5.2 选用节能设备 ·· 86

3.5.3 施工节能 ·· 87

3.5.4 运维节能 ·· 88

3.6 节能评价指标 ·· 88

第4章 灯具及其附属配件 ··· 90

4.1 灯具性能 ·· 90

4.2 灯具安全 ·· 103

    4.2.1 灯具防触电保护等级 ··· 103

    4.2.2 灯具外壳防护等级 ·· 104

    4.2.3 灯具抗振动要求 ··· 105

    4.2.4 灯具抗风压要求 ··· 106

    4.2.5 灯具抗冲击要求 ··· 106

    4.2.6 其他要求 ··· 107

4.3 灯具电气 ·· 107

    4.3.1 灯具基本电气要求 ·· 107

    4.3.2 灯具的骚扰电压要求 ··· 108

    4.3.3 灯具电磁兼容抗扰度 ··· 108

    4.3.4 灯具抗雷击浪涌要求 ··· 109

4.4 附属装置 ·· 110

    4.4.1 灯具防眩光、溢散光附件 ··· 110

    4.4.2 灯体材料 ··· 111

    4.4.3 灯具固定附件 ··· 112

    4.4.4 灯具电缆及接头 ··· 112

4.5 LED 驱动电源 ··· 114

    4.5.1 LED 驱动电源基本要求 ·· 114

    4.5.2 LED 驱动电源电气性能 ·· 116

    4.5.3 LED 驱动电源抗雷击浪涌性能 ·· 118

第5章 照明配电及控制 ··· 119

5.1 配电系统设计 ··· 119

    5.1.1 配电基本要求 ··· 119

    5.1.2 直流配电系统 ··· 122

    5.1.3 电气回路 ··· 124

    5.1.4 防雷接地 ··· 125

5.2 控制系统设计 ··· 126

    5.2.1 控制系统基本要求 ·· 126

    5.2.2 控制设备 ··· 128

    5.2.3 通信网络 ··· 130

第 6 章　安装、调试及验收 ·· **133**

6.1　安装 ·· 133
　　6.1.1　前序工作 ·· 133
　　6.1.2　灯具安装 ·· 135
　　6.1.3　配电系统安装 ·· 137
　　6.1.4　控制系统安装 ·· 140
6.2　调试及验收 ·· 141
　　6.2.1　调试 ·· 141
　　6.2.2　验收 ·· 143
　　6.2.3　运行及维护 ·· 146

第 7 章　典型案例 ·· **149**

7.1　华东地区 ·· 149
　　7.1.1　上海东方明珠广播电视塔 ·· 149
　　7.1.2　杭州世纪中心 ·· 154
7.2　华南地区 ·· 162
　　7.2.1　深圳平安金融中心 ·· 162
　　7.2.2　深圳地王大厦 ·· 166
7.3　华北地区（北京中信大厦） ·· 169
7.4　西南地区（成都蜀峰 468 大厦） ·· 176
7.5　东北地区（长春海容广场） ·· 179
7.6　海外地区（马来西亚 PNB118 大厦） ·· 183

第 8 章　研究过程回顾 ·· **188**

8.1　缘起 ·· 188
8.2　案例调研 ·· 188
8.3　城市调研 ·· 190
8.4　专题研究 ·· 192
8.5　小结 ·· 194

附录 ·· **195**

附录 A　参考标准规范 ·· 195
附录 B　中国建研院主编的照明相关标准规范 ·· 195

参考文献 ·· **197**

后记 ·· **198**

采访集编者言

本书作为超高层建筑照明这一高难度细分领域的专业参考书，旨在服务于城市照明管理者、建设者、从业者、相关院校师生及关联专业设计者等广泛群体。面对如此重大的责任，我们深感敬畏与惶恐。因此，在特篇中，我们邀请了多位在超高层建筑照明领域具有显著影响力的知名城市管理者、开发建设者、建筑师以及照明领域专家，他们均为各自领域的杰出代表，期待他们能从不同角度分享他们的深刻见解与宝贵经验。

在采访过程中，编制组始终秉持客观公正的原则，未对受邀嘉宾进行任何形式的引导或干预，充分尊重了每位嘉宾的独立思考与表达。因此，我们不仅获得了各具特色的采访内容，还意外收获了其他宝贵的"惊喜"。其中，原华建集团华东建筑设计研究院有限公司顾问总工程师李国宾先生作为照明领域的资深前辈，欣然接受了我们的采访邀请，并亲自撰写了一篇洋洋洒洒的文章。尽管这篇文章与我们预先准备的采访文件格式并不完全一致，但从那手写的原稿中，我们仿佛能够窥见老一辈照明前辈们在那个设计尚未普及的年代里，筚路蓝缕、开拓进取的奋斗身影。为此，我们决定尊重原稿，未做任何修改便直接刊出。

至此，本书汇聚了从一线佼佼者到备受尊敬的专家前辈的智慧结晶，从过去、当下到未来的不同维度为我们提供了丰富的思想火花。这些不同思想的碰撞与智慧的叠加，不仅构成了本书的一大亮点，也为读者提供了更为多元和深入的启发与帮助。这正是本书所追求的意义所在，也是我们致力于为读者呈现一部高质量、高价值的专业参考书的初衷。

（文中嘉宾按采访时间排序）

超高层建筑师采访篇

汪孝安 教授级高级工程师，国家一级注册建筑师、全国工程勘察设计大师，华东建筑设计研究院有限公司总建筑师。从事建筑设计 40 余年，坚持朴素的建筑理想，在建筑创作实践中，探索建筑赖以生存的要素：共生的环境、明快的空间、谦和的姿态、精致的细节、适宜的技术等，构成了这些建筑持续生命力的基本价值判断。

通用问题：

Q 您认为对于一座城市来说，超高层建筑照明承担着哪些义务？

A 建筑形成城市空间，而高层、超高层建筑更是城市天际线组成的要素，代表着城市的形象和特质，像 20 世纪 80 年代以前，上海有很多年都是以国际饭店、和平饭店、上海大厦、海关大楼和当时的上海市政府（原汇丰银行大楼）等建筑作为上海的标志性建筑和上海的形象来展示的。在经济欠发达的 20 世纪，也唯有重大节日才有描绘这些建筑轮廓的张灯结彩式的夜间灯光呈现。而当下，建筑的泛光照明已成为在夜间更为完整展示城市整体形象的重要技术手段。

Q 您理想中的超高层建筑照明的形象是怎样的？

A 应当是内透光为主的通透式处理方式，我建议将如办公楼使用区域靠近窗户的办公室照明系统纳入建筑照明体系，做双路的控制，这样在夜晚需要泛光照明的时候，可以通过总控，将这些区域的灯光开启，做到一灯两用，呈现通透的建筑形象。

Q 请您谈谈对超高层建筑灯光媒体立面的看法。

A 首先，我并不赞成超高层建筑表皮演变成灯光媒体的趋势。LED 建筑照明技术自 2010 年上海世博会得以广泛展示以来，这几年得到了较快的发展，其亮度和显示精度得以很快地提升，产品价格也在不断地下降，已具备了普遍采用的条件。同时，由于其较之传统泛光照明系统更为节能的特性，近年来被广泛用于各种新老建筑的立面泛光照明系统，对于城市夜景的展示和节约能源起到了积极的作用。但由于对这种建筑泛光照明新技术缺乏一定的技术管理规定、城市空间艺术的认知不足，也带来了一些负面的问题。个别建筑不恰当地利用了这项技术，将整个建筑立面作为一个超大的屏幕加以展示，其中不乏广告性质的宣传，超大的企业 LOGO 或令人目不暇接的炫动图案显示，大有争奇斗艳之势，致使城市部分区域甚至是重要景点的城市夜景显得杂乱无章；且由于某些建筑过亮的立面，也使得游客在拍摄夜景照片时，要么曝光过度，要么一片漆黑，只剩下某几栋高亮度建筑。此种状况已严重影响了城市夜间环境的和谐统一。此外，由于此类广告较之传统广告，其图像、文字易于编辑制作与播放，已具有一定的媒体性质和公众影响力，故建议有关部门加以规范管理，还城市一片宁静的夜空。

Q 请讲一个您对超高层建筑照明印象最深刻的记忆。

A 在德国柏林波茨坦广场，夜间的灯光秀非常具有艺术感和参与性，且照度适当，远看并未对其他建筑造成明暗的过大反差，这是恰如其分的处理方式。

专项问题：

Q 您认为超高层建筑照明与传统高层建筑照明最大的区别是什么？

A 一般而言，超高层建筑大多以玻璃幕墙作为建筑的外表皮，而高层建筑则还有石材、金属板等实体幕墙，故传统高层建筑较多还是采用外部泛光照明的方式。这种照明方式对于超高层建筑而言，一则有投射高度的局限性，二则也不太适合于玻璃幕墙材质，所以我的看法还是以内透光的方式更为妥当，当超高层建筑以实体材料与玻璃幕墙组合方式呈现时，也可采用分层局部低照度外泛光的照明方式。

Q 您对超高层建筑照明专业合作伙伴的期望是什么？

A 泛光照明是一门灯光的艺术，故合作伙伴首先考虑的是如何呈现建筑的最佳形态和优雅的建筑照明艺术，而不是仅仅将此作为一单生意，造成失控的灯光秀。

Q 就超高层建筑而言，您认为照明介入建筑设计最佳的时间点是什么时候？

A 在主体建筑方案基本稳定时即可介入与夜间照明有关的建筑方案不断深化的落地过程中，目前由于建设管理流程的问题，这些过程往往是滞后的。

程蓉　KPF（上海公司）执行总监、建筑师，在亚洲具有 20 年的商业、办公开发和教育项目的设计和管理经验。她于 2004 年加入 KPF（上海公司），监管 KPF（上海公司）的运营，负责为 KPF 在中国的项目提供业主和顾问之间的协调工作。程女士担任了中国多个高品质大型项目的本地负责人，其中包括荣获多项设计大奖的上海静安嘉里中心、浦东嘉里中心、新天地朗廷和安达仕酒店、前滩中心、哈尔滨银行总部等项目。程女士负责并参与了包括长沙梅溪湖在内的总体规划、上海纽约大学前滩校区的规划与室内设计工作。

通用问题：

Q 您认为对于一座城市来说，超高层建筑照明承担着哪些义务？

A 首先，超高层建筑在城市天际线上是极显赫的存在，基本上 360° 都会被看到，就像我们做超高层建筑设计一样，其照明在夜晚作为城市地标也承担着传达城市精神的义务。不管是一个张扬的形象，还是比较含蓄的形象，超高层建筑照明可能就是我们来到一座城市，甚至在飞机里时，看到的第一印象。另一方面，超高层建筑照明也可以是城市宣传的一种工具，但如何利用好这个工具，有时已经不是建筑师和照明设计师所能完全掌控的范围了。这是一把双刃剑，可以说超高层建筑照明承载了设计师和业主以及城市管理部门对于这个"工具"使用的一种价值观。

Q 您理想中超高层建筑照明的形象是怎样的？

A 从个人角度来说，理想中的超高层建筑照明应该是一个经典。超高层建筑要经历很长市来说往往是地标性的存在，它能够代表和传达一个城市的气质和形象，是一张名副其实的城市名片。例如，提起"中国尊"，便会想起北京；提起东方明珠、"开瓶器"（上海环球金融中心），便会想到上海。因此，超高层建筑对于城市的意义不言而喻。而超高层建筑照明设计作为建筑的一部分以及不可或缺的表现形式，也同时承担了重要的责任和义务。尤其是在夜晚，一方面，照明设计不仅能够辅助体现建筑设计本身的形态，描绘清晰的空间环境，对建筑和城市形象起到装饰性的作用，还能够满足人们视觉需求和情感需求；另一方面，也承担着一个城市对外宣传和表达信息的重要义务，有效地提高一个片区或城市天际线的认知度。

Q 您理想中超高层建筑照明的形象是怎样的？

A 照明设计是一门由光影和色彩构成的艺术，超高层建筑照明使人们可以在夜晚感知城市的空间和尺度，感受建筑之美。我认为超高层建筑照明的形象应该注重两个部分：一个是对于建筑本体形象、轮廓的精准表达，传递建筑本身的形体关系；另一个是具备对外传递信息和宣传城市形象的功能，建立建筑与人之间的情感共鸣。如果超高层建筑设计是在为城市讲述一个故事，照明设计便是画龙点睛之笔。

Q 请您谈谈对于超高层建筑灯光媒体立面的看法。

A 超高层建筑灯光媒体立面是城市在夜晚对外宣传的载体之一，也是照明技术不断发展到现阶段出现的新技术。对于建筑和城市来说，媒体立面使得超高层建筑在夜晚也能够有辨识度，发挥其地标性作用，美化城市夜晚的形象。对于市民来说，尤其是在一二线城市，市民生活作息逐渐向后推移，夜晚出行的市民越来越多，而媒体立面的运用极大地丰富了市民的视觉体验。媒体立面最重要的两个作用是表达建筑本身的形体关系，同时给城市晚间对外宣传提供可能性。媒体立面也是促进照明设计从配角变为主角的一个进步，如今它已被城市和市民所需要，但也要注意控制使用。

Q 请讲一个您对超高层建筑照明印象最深刻的记忆。

A 令我印象比较深刻的是纽约天际线。其主要运用了素色照明以及内透灯光的方式反映天际线和形体，整体观感较为素雅，是相对而言比较高级的美学表达。

专项问题：

Q 就超高层建筑而言，您如何看待建筑与照明的关系？

A 如果建筑与照明两者分别是两个圆，必然是有重合的部分，同时也有各自不同的区域，两者间有从属关系，但也彼此独立。建筑照明在某种程度上需要表达建筑，同时照明设计本身又有额外的功能，例如，媒体立面呈现的动画和文字内容能够拉近城市和市民的关系，照明设计能够成为城市的一种自我表达，从而更好地被人感知。

Q 您认为超高层建筑照明与传统高层建筑照明最大的区别是什么？

A 主要在于超高层建筑和传统高层建筑的区别，超高层建筑是代表城市形象的重要建筑，相比于传统高层建筑更具地标性和影响力，包含了更多的表达信息。例如，在杭州亚运会期间钱江西岸新城的灯光秀中，超高层建筑的照明承担了最主要的角色，以不同尺度、明度、亮度、色彩等表现形式区别于其他高层建筑，作为照明的主要呈现载体。

Q 您对超高层建筑照明专业合作伙伴的期望是什么？

A 对超高层建筑照明专业合作伙伴的期望主要集中在两方面：一是能够充分理解超高层建筑包括其设计形态、设计理念、所承载的城市信息以及传递给城市的信息；二是需要有脱离建筑的专业照明设计知识，并有非常强的技术能力配合项目落地。

Q 就超高层建筑而言，您认为照明介入建筑设计最佳的时间点是什么时候？

A 我认为方案完成后是最好的时间段，在此阶段介入可以尽早地了解和接触建筑的设计理念，可以在第一时间理解建筑本身。同时从技术角度来讲，能够提早与幕墙以及建筑形体进行沟通配合，实现一体化设计。

傅萱 1994 年加入美国 SOM 设计事务所，2013 年成为 SOM 管理合伙人，2019 年开始担任 SOM 执行委员会委员。2023 年当选美国建筑师协会院士（FAIA）。傅萱女士在世界各地参与设计、协调和管理了大量不同功能的项目，代表作包括中国第一座超高层塔楼——上海金茂大厦、伦敦金丝雀码头、伦敦 Nine Elms 广场项目、芝加哥库克县医院改造项目、莫斯科国际商务中心 16 号地块项目、首尔三星大厦Ⅲ、北京凯晨广场、北京 CBD 国寿金融中心、北京银行科技研发中心、上海白玉兰广场等。

通用问题：

Q 您认为对于一座城市来说，超高层建筑照明承担着哪些义务？

A 超高层建筑大多是城市里的地标，与一般建筑不同，有着特殊的社会责任，并代表着一座城市面向世界的形象。

Q 您理想中超高层建筑照明的形象是怎样的？

A 我们认为，超高层建筑的夜间形象，应该是大气、永恒、简洁、优雅，能够历久不衰，不会随着时间或是流行趋势而改变的形象。

Q 请您谈谈对超高层建筑灯光媒体立面的看法。

A 国内近年来兴起的媒体立面和国际上媒体立面概念有很多不同点。国内的媒体立面很多是在建筑上生硬地加上线条灯或点光源来呈现花哨的图案或文字广告，跟建筑本身造型没有关系。而国际上谈到的媒体立面是把灯光变成建筑的一部分，呈现的是抽象的有艺术性的画面。

Q 请讲一个您对超高层建筑照明印象最深刻的记忆。

ASOM 设计的上海金茂大厦，夜景效果多年来一直是一个隽永的形象，优雅地矗立在喧闹的陆家嘴，与周围超高层建筑的夜景形成极大的反差。不变的效果更能长久地深入人心，形成人们记忆的一部分。

专项问题：

Q 就超高层建筑而言，您如何看待建筑与照明的关系？

A 照明应该是服务于建筑，充分地体现建筑的特色。夜晚的建筑不应该是变脸，而应是更有诗意，更具魅力，更显现她特有的气质。

Q 您认为超高层建筑照明与传统高层建筑照明最大的区别是什么？

A 由于高度的差异，超高层建筑与传统高层建筑在城市中的重要性不同。超高层建筑照明除了要能表现建筑的特色之外，还是城市天际线的重要构成元素，也是人们夜间辨别方向的一个指引，成为人们生活的一部分。

Q 您对超高层建筑照明专业合作伙伴的期望是什么？

A 我们的照明顾问应该要能充分地理解建筑师的意图，适当克制自己的表现欲望，并且尊重建筑、尊重城市、尊重自然，在技术上能够协助我们实现建筑所要表现的夜间效果，在创意上能够在建筑设计的基础上提炼出独特的构思，并发扬光大。

Q 就超高层建筑而言，您认为照明介入建筑设计最佳的时间点是什么时候？

A 建筑方案设计阶段就需要介入，能更好地理解建筑设计，也能参与相关外墙设计的节点讨论，将灯具和外墙做最好的结合。

罗为为　2009 年加入 AS+GG 建筑设计事务所,任职中国区总监。她积极参与 AS+GG 在中国的所有项目,无论是超高层、会展中心、写字楼、酒店、机场和城市规划;帮助项目各方协调平衡业主和设计师的目标和愿景,设计和施工进度、建筑规范和地方法规、政府方面的要求以及施工做法和品质。在 AS+GG 以前,罗为为曾在 SOM 任职九年,是其芝加哥和上海办公室的理事及项目经理,专注于中国项目。她参与过的超高层项目有迪拜哈利法塔、南京紫峰大厦、广州珠江城大厦、郑州千玺广场、武汉绿地中心和成都蜀峰468 等。

通用问题:

Q 您认为对于一座城市来说,超高层建筑照明承担着哪些义务?

A 超高层建筑是城市空间里的醒目地标,能起到给人们地理方向定位的作用。同时也是城市形象和精神的象征,它们全天候地存在。照明设计的主要任务是协助建筑在夜幕降临时也能继续发挥这些功能。

Q 您理想中超高层建筑照明的形象是怎样的?

A 照明首先应该体现和突出建筑自身的设计特征,同时可以在一年中的节假日或特殊的庆祝日里,与城市里的其他建筑一起勾画出独特的光之画卷。

Q 请您谈谈对超高层建筑灯光媒体立面的看法。

A 这可以是一个增加建筑照明方案多样性的手段,但也容易被滥用,浪费能源,造成夜间光污染、打扰居民的生活等不良影响。

Q 请讲一个您对超高层建筑照明印象最深刻的记忆。

A 可能是在我刚到芝加哥工作的时候,在一些特定的节假日,大楼的管理者会通过室内灯光的开关,利用窗户组成一些与节假日有关的特定图案。因为超高层建筑在城市夜空中所占据的地位,当人们可以清晰地看到这些图案的时候,会意识到那天是大家都在庆祝的特别日子。

专项问题:

Q 就超高层建筑而言,您如何看待建筑与照明的关系?

A 我觉得它们应该是一体的关系。照明设计不是在建筑设计完成后才叠加的一层设计元素。

Q 您认为超高层建筑照明与传统高层建筑照明最大的区别是什么?

A 因为超高层建筑的地标属性,通常它们的照明设计需要具备更高的公众性。因为建筑的高度,它们成为更容易被观赏的展示面,对照明设计方案和照明灯具的品质要求也更高。

Q 您对超高层建筑照明专业合作伙伴的期望是什么?

A 用他们的专业设计知识和技术把建筑师的设计理念在照明设计上忠实地,甚至更优地表达出来。

Q 就超高层建筑而言,您认为照明介入建筑设计最佳的时间点是什么时候?

A 以我们以往的经历来说,建筑照明的初步设想在概念设计阶段就有了,通常照明设计师在方案设计阶段就开始介入,协助建筑师将概念方案深化、完善,并具备可落地性。

吴亚媛 2007 年加入 GP,也是同一年 GP 正式成立了中国办事处,她在 GP 担任中国区业务开发总监和项目管理总监,凭借流利的英文沟通能力、扎实的建筑学背景以及在地产开发商的项目开发经验,承担起 GP 公司的中国业务以及一些重要项目的设计技术管理工作。

通用问题:

Q 您认为对于一座城市来说,超高层建筑照明承担着哪些义务?

A 它象征着一个城市的夜间地标,是作为该城市的名片而存在的。

Q 您理想中超高层建筑照明的形象是怎样的?

A 是融入整个城市的夜间环境,不会对周边建筑和居民产生任何光污染,但同时又是极具代表性和个性的,可以作为超高层建筑的夜间形象。

Q 请您谈谈对超高层建筑灯光媒体立面的看法。

A 我觉得超高层灯光媒体立面要先考虑到白天的外观效果,在不亮灯的前提下也能保证外立面的可视效果。另外需要考虑灯光媒体的夜间模式效果,不能对远处产生刺眼灯光。

专项问题：

Q 就超高层建筑而言，您如何看待建筑与照明的关系？

A 超高层建筑因为其独特的造型和高度，需要灯光尽可能地配合其建筑体量和立面细节，不抢镜。灯光设计尽量做到低调，能很好地勾勒建筑整体造型，为建筑添彩。

Q 您认为超高层建筑照明与传统高层建筑照明最大的区别是什么？

A 超高层建筑由于其"超高"的特性，意味着它即使在很远处也能被看见、被识别。在做建筑设计时，建筑师也会尽量在顶部打造一些特殊的空间和造型来强调其超高的地标感。因此超高层建筑照明也需要考虑到顶部特殊空间的打亮，以使其更好地诠释超高层顶部的造型。

Q 您对超高层建筑照明专业合作伙伴的期望是什么？

A 希望能读懂建筑本身的设计寓意，希望多和建筑师沟通灯光效果，希望尊重建筑师对灯光的想法，做到以上三点后可以再发挥照明专业的知识和技能，提供适合该建筑的最佳照明方案。

Q 就超高层建筑而言，您认为照明介入建筑设计最佳的时间点是什么时候？

A 我觉得在建筑方案开始阶段就可以介入灯光和照明的设计了，这样可以循序渐进，和建筑设计师同步思考、同步深入，提出更优的照明方案。

超高层建设者采访篇

贾朝晖 著名建筑师，融创东南区域首席产品官。在设计及房地产领域有 20 余年的工作经验，在超高层建筑、城市综合体、酒店、居住规划等专业领域具有较深造诣与技术管理经验，主导并参与管控项目上百个。负责管理的项目获得过 CTBUH 亚洲和欧洲最佳建筑奖、詹天佑奖、中国勘察设计协会一等奖、广厦奖等国内外奖项。2022 年入选 RIBA（英国皇家建筑师学会）中国百位建筑师，担任 CREDAWARD 地产设计大奖中国评委、联席主席，中国建筑学会建筑防火综合技术分会理事，杭州市绿色建筑与建筑节能行业协会近零低碳理事会理事长等职务。

通用问题：

Q 您认为对于一座城市来说，超高层建筑照明承担着哪些义务？

A 超高层建筑作为城市或区域地标，其建筑灯光效果也承担着一定的地标引领义务。首先在中近尺度能有效地体现建筑的夜间形象特征，在节假日中有一定的场景变换，渲染城市节日氛围；其次要起到城市尺度的灯塔作用，在一定范围内具有方向性指引的作用，一般是通过顶部照明来体现；此外可能会在电视转播或相关宣传中作为城市形象的代表。

Q 您理想中超高层建筑照明的形象是怎样的？

A 建筑照明要能充分体现超高层建筑气质，具有独特的个性，与众不同的表达方式。在日常夜景中体现宁静高雅，在节假日有一定的变化来渲染气氛，让建筑照明成为超高层建筑形象不可或缺的一部分。

Q 请您谈谈对超高层建筑灯光媒体立面的看法。

A 超高层建筑因其标志性特征，往往在节假日承担着夜间景观的主要角色，灯光媒体立面是其重要的体现手段，但需要关注以下问题：一是兼顾效果与投资、后期运营费用之间的关系；二是结合场地条件，考虑不同方向的观看视角，不一定每个建筑立面都做；三是媒体立面的灯具设置密度及灯具选型等因素，以确保动态画面效果。

Q 请讲一个您对超高层建筑照明印象最深刻的记忆。

A 南京紫峰大厦的建筑照明给我印象最深刻，照明设计结合了建筑设计理念，成为建筑形象的一部分。其照明主要由三部分组成，塔楼顶部采用白光内透方式，形成了城市灯塔的特征。白色的 LED 线条灯设置在从下而上盘旋上升的凹槽空间中，形成了第二亮度梯队。蓝色的 LED 射灯将龙鳞板块的侧壁照亮，形成了一束束蓝色的光柱。以上三种灯光形成了不同层次，同建筑形象特征有机地融为一体，让南京紫峰大厦在夜晚看起来高贵典雅，独树一帜。

专项问题：

Q 您会如何考虑超高层建筑照明与建筑的品牌形象、营销策略的关系？

A 灯光照明塑造了超高层建筑夜间形象特征，其表达方式与超高层建筑所定位的品牌形象息息相关，是内敛含蓄还是张扬奇特，不同的开发商与建筑师都会有不同的倾向，还要兼顾城市相关部门的要求，最终体现出的形象往往是综合营销策略的体现。

Q 您对于超高层建筑照明专业合作伙伴的选择标准是什么？

A 专业合作伙伴的选择是综合性的，要结合超高层项目的档次定位选择匹配的合作伙伴，不同档次项目的侧重点会有所区别，主要关注合作伙伴的品牌形象、类似项目经验、行业口碑、报价水平及服务意识等。

Q 您对超高层建筑照明方案作决策时最关注的是什么？

A 一般是三个维度，第一个维度是从灯光效果角度，兼顾社会大众审美、城市形象和可持续性；第二个维度是从成本角度，要兼顾设计效果与成本投入、运营成本之间的平衡；第三个维度是从设计行业发展的角度，要兼顾设计创新与产品可靠性之间的平衡。

Q 在超高层建筑照明系统的维护和管理方面，您的期望是什么？您是否有特定的维护和管理要求？

A 理想中的超高层建筑照明系统应该是维护简单、管理便捷、节能高效、智能化程度高，但实际上灯具、软件控制系统等的发展远快于超高层建筑，因此，在设计中要兼顾未来发展、灯具迭代等因素，为未来的灯光升级留有余地。

Q 您如何看待超高层建筑照明的投资回报率？

A 大多数超高层无法计算灯光照明投资回报率，更多作为建筑形象的延伸给项目带来隐形的品牌价值。

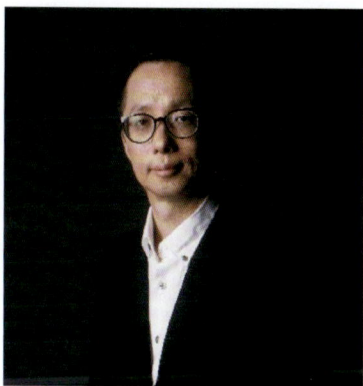

张海涛　2001年任职万科，历任上海万科设计总监、万科集团上海区域副总经理、总建筑师，上海区域产品负责人。在万科工作期间，主持长三角区域多项大型综合体和社区开发项目的产品管理工作，并负责公司新产品的研发与策划。曾主持美国麻省理工学院城市研究与规划学院、同济大学与上海万科公司合作研究课题，对上海新住区规划与公众参与进行调研和设计研究。长期致力于开发项目与未来城市环境的融合、社区公共空间的营造，并积极推动生态技术在城市建设中的应用。

通用问题：

Q 您认为对于一座城市来说，超高层建筑照明承担着哪些义务？

A 超高层建筑照明对一座城市来说意义非凡。城市最有魅力的就是夜幕降临时，这时超高层建筑灯光的出现，会极大增强这幅画卷的层次感和立体感，激发人们对城市生活的想象。

Q 您理想中超高层建筑照明的形象是怎样的？

A 超高层建筑照明首先是要映照出建筑本体的形象，同时也要让建筑内部的灯光柔和地透出，与外部灯光融为一体。

Q 请您谈谈对超高层建筑灯光媒体立面的看法。

A 作为城市灯塔的超高层建筑，应该去媒体化。

Q 请讲一个您对超高层建筑照明印象最深刻的记忆。

A 黄昏时刻的上海华灯初上，在延安高架由东向西行驶时，会看到静安嘉里中心简约的灯光效果，塔楼内部的光影也隐隐显现，塔楼与周围高高低低的建筑形成整个城市的轮廓线，让人对城市生活产生美好向往。

专项问题：

Q 您会如何考虑超高层建筑照明与建筑的品牌形象、营销策略的关系？

A 超高层建筑照明是城市形象和城市品牌的重要组成部分，它是城市文明和科技水平的集中体现。

Q 您对于超高层建筑照明专业合作伙伴的选择标准是什么？

A 基于对城市生活的理解，对建筑本身的尊重，以及对安全性的技术控制。

Q 您对超高层建筑照明方案作决策时最关注的是什么？

A 最关注的是对城市轮廓线的影响。如何使明显突出的形象表达与周围环境融为一体，形成整体的城市形象是最关键的。

Q 在超高层建筑照明系统的维护和管理方面，您的期望是什么？您是否有特定的维护和管理要求？

A 对日常维护来说，安全性和质量稳定性是第一位的，其次是维护管理的便捷性。

Q 您如何看待超高层建筑照明的投资回报率？

A 鉴于超高层建筑在城市中的特殊位置，很难去计算单个建筑照明的投资回报，应该看到城市或企业长期的品牌价值提升。

汪灵 2005 年任职绿地集团，历任绿地加拿大公司设计总监、项目管理部设计管理中心设计总监，主持开发了南京绿地金茂国际金融中心、西安中国国际丝路中心、加拿大多伦多国王街等诸多优秀项目。

通用问题：

Q 您认为对于一座城市来说，超高层建筑照明承担着哪些义务？

A 作为一名负责设计管理的高级专业人员，在一家以开发城市地标类超高层项目而闻名的世界 500 强房地产公司，我深知超高层建筑照明不仅仅是提供夜间照明那么简单，它在城市环境、文化传承、经济活动以及社会参与等多个方面承担着重要的义务。

城市形象和美学展示：超高层建筑通过照明设计可以成为城市的标志，增强城市夜景的吸引力，提升城市的文化与美学价值。

环境友好与节能减排：合理设计的照明系统不仅要考虑美观，也要兼顾能效，减少能耗，尽量采用可再生能源，降低对环境的影响。

社会公益与互动性：超高层建筑的照明设计可用于公益活动，例如，通过颜色变化传递特定的社会信息，增加节日气氛，增强与市民的互动。

安全与导航：照明还应确保建筑本身及其周边区域的安全，对城市中确定方位起到辅助作用，尤其是对于空中航行的飞机。

Q 您理想中超高层建筑照明的形象是怎样的？

A 富有创意和美感：照明设计应体现出创新，与建筑的结构和风格相协调，增强建筑的视觉冲击力和美感。

可持续发展与环保：使用高效节能的灯具和技术，减少光污染，保护城市夜空的自然美。

智能化和可控性：通过智能化控制系统，根据不同场合、节日或事件灵活调整照明模式，实现动态美学与功能的结合。

促进社会交往：照明设计应促进公众参与和社会交往，成为城市文化交流的平台。

Q 请您谈谈对超高层建筑灯光媒体立面的看法。

A 对于超高层建筑灯光媒体立面，我持肯定态度。它是将建筑立面转化为媒体展示平台的一种创新方式，不仅能展示动态视频、艺术作品，还能用于广告和公益宣传，极大地丰富了城市的文化生活和夜间经济。然而，设计时应注意控制光污染和节能，确保其符合可持续发展的要求。

Q 请讲一个您对超高层建筑照明印象最深刻的事情。

A 令我印象最深刻的超高层建筑照明是在迪拜的哈利法塔上看到的灯光秀。那次灯光秀结合了音乐、照明和喷泉效果，不仅展示了哈利法塔的雄伟，也展现了迪拜作为一个国际大都市的活力和魅力。整个表演既是对技术的极致展示，也是对文化的精彩诠释，给我留下了深刻的印象。

专项问题:

Q 您会如何考虑超高层建筑照明与建筑的品牌形象、营销策略的关系?

A 超高层建筑的照明策略应与建筑的品牌形象和营销策略紧密相连。照明设计能够提升建筑的标志性,使其成为城市的象征,进而提高品牌识别度。在营销策略方面,独特的照明设计可以吸引公众和媒体的关注,成为推广和宣传的亮点。因此,照明设计在项目早期规划阶段就应纳入考量,以确保其与整体品牌和市场定位一致。你对城市的记忆都与超高层建筑联系在一起,比如南京的紫峰大厦、北京中信大厦、上海的上海中心大厦,超高层建筑已经融入城市基因。

Q 您对于超高层建筑照明专业合作伙伴的选择标准是什么?

A 专业能力和经验:合作伙伴应拥有丰富的超高层建筑照明设计和实施经验,能够提供创新且实用的解决方案。

项目管理能力:能够在预算和时间框架内高效完成项目,具备良好的项目管理和沟通能力。尤其应具备对现场的变更控制能力,并在选择材料时能考量整体灯具的造价、施工便利性及维护费用的能力。

技术研发能力:能追踪最新的照明技术和材料,提供高效能、低维护成本的照明方案。

可持续发展承诺:重视可持续发展,提供环保节能的照明方案,减少光污染。

售后服务与支持:提供长期的技术支持和维护服务,确保照明系统长期运行的稳定性和可靠性。

Q 您对超高层建筑照明方案作决策时最关注的是什么?

A 成本效益:评估照明方案的初期投资与长期运营成本,寻找最佳的成本效益比。

品牌影响力:考量照明方案如何强化建筑品牌,提升其市场竞争力。

技术先进性与可靠性:选择先进可靠的照明技术,确保照明系统的长期稳定运行。

用户体验:照明方案应提升用户体验,包括安全、舒适和美观。

可持续性:评估照明方案的环境影响,确保其符合可持续发展目标。

Q 在超高层建筑照明系统的维护和管理方面,您的期望是什么?您是否有特定的维护和管理要求?

A 我的期望是照明系统能够低成本、高效率地运行,同时易于维护和升级。具体要求包括:

智能监控与远程管理:利用智能系统进行照明的监控和管理,及时发现和解决问题。

定期维护与技术支持:制订详细的维护计划,并从合作伙伴处获得持续的技术支持。

灵活性与可扩展性:照明系统应具备一定的灵活性和可扩展性,以适应未来技术升级或功能扩展的需要。

Q 您如何看待超高层建筑照明的投资回报率？

A 超高层建筑照明的投资回报率不仅仅体现在经济收益上，还应考虑其对建筑品牌价值、租赁吸引力以及整个区域形象提升的长远影响。因此，在评估投资回报时，我们采取综合视角，关注以下方面。

直接经济回报：通过增强建筑的吸引力和辨识度，提升租赁率和租金水平，直接影响经济回报。

品牌和市场价值：独特且引人注目的照明设计可以提升建筑的市场地位，提升品牌价值，间接促进商业成功。

社会和文化效益：作为城市地标的建筑通过照明提升其公众影响力，增加城市的文化吸引力，这些虽然难以量化，但对提升长期价值非常关键。

节能减排贡献：采用节能照明技术可减少能耗，降低运营成本，同时符合可持续发展目标，对提升企业形象有正面影响。

因此，虽然照明系统的初期投资可能较高，但从长期和多维度来看，其投资回报是显著的。我们通过精心设计和智能管理，不仅能够提升建筑本身的价值和吸引力，还能在更广泛的社会和经济层面产生积极效应。

戴洁 厦门市城市建设发展投资有限公司开发建设管理部经理，从事工程管理工作近 20 年。2015 年至今负责厦门银城智谷、厦门宸鸿科技项目等省市重点项目的全过程建设管理工作，从项目的决策、规划设计、招投标、施工、竣工验收到物业、运营交接等全过程的统筹管理工作。

通用问题：

Q 您认为对于一座城市来说，超高层建筑照明承担着哪些义务？

A 一是为一座城市或者一个区域增光添彩，就如同女子上了一层"彩妆"；二是使夜晚的城市景观形象得到全面提升，为重大节日增添更加浓厚的喜庆氛围；三是多样的夜景技术手段与展示内容，也成为城市文化、主题宣传的一种新方式和新手段；四是我们也应该关注建筑照明带来的环境影响和能源消耗问题，寻找更加环保和节能的方案。我也希望我们位于厦门的银城智谷建筑照明也能担负起这些责任与义务，为厦门这座城市增添光彩。银城智谷总投资近百亿元，总建筑面积 160 万 m^2，具有超高层、高层、多层、众创空间等多种类型办公物业，是厦门市相关部门主导的"高起点、高标准、高水平、高层次"的产城融合新型园区。

Q 您理想中超高层建筑照明的形象是怎样的？

A 在建筑照明方面，我们应该注重节能、环保和安全，同时要考虑美学和实用性。在这方面，我们需要综合考虑各种因素，以便为人们创造一个舒适和宜居的生活、办公空间；还要注重合理的设计和灵活的应用，以便让建筑照明更好地服务于人们的生活和工作。

Q 请您谈谈对于超高层建筑灯光媒体立面的看法。

A 近年来，随着科技的不断发展，超高层建筑的灯光媒体立面越来越受到关注。这种立面能够通过 LED 等灯光技术，在夜晚呈现出各种绚丽多彩的图案和文字，成为城市夜景的一道亮丽风景线，也成为当今一种新的媒体形式。建筑立面成为灯光表达的一个新舞台，赋予灯光另一种价值。当然，在建设和运营过程中，也需要注意相关的安全和环保问题。

Q 请讲一个您对超高层建筑照明印象最深刻的记忆。

A 我印象中最深刻的是 2016 年 G20 杭州峰会的那一场轰动全世界的钱江新城灯光秀。江南忆，最忆是杭州。那是在 30 多幢江边的建筑立面上，为 G20 峰会量身定制的"城·水·光·影"主题灯光秀。灯光秀有 G20 峰会元素、喜庆中国结，汉字文化源远流长，以及江南民居的粉墙黛瓦，显得古韵悠悠，还有天堂伞、国宝熊猫等元素，一幅幅水光激滟的城市画卷在城市天际线展开，简直是一场视觉盛宴，深深地震撼了我！

专项问题：

Q 您会如何考虑超高层建筑照明与建筑的品牌形象、营销策略之间的关系？

A 关于超高层建筑的照明，一方面可以提高建筑的品牌形象，另一方面也可以成为营销策略的一部分。然而，在进行照明设计时，需要考虑的因素非常多，包括安全性、环保性、耐久性等，因此，照明设计不应该仅仅为了营销而忽略其他因素。同时，建筑的品牌形象和营销策略也应该尊重建筑的本质功能和社会责任，而不是仅仅为了商业目的而设计。

Q 您对于超高层建筑照明专业合作伙伴的选择标准是什么？

A 我认为选择超高层建筑照明专业合作伙伴的标准应该是专业能力和信誉。在选择合作伙伴时，应该考虑他们的专业技能和经验是否符合项目需求，并且应该对他们的业绩和信誉进行充分的调查。同时，合作伙伴应该具有良好的沟通和合作能力，能够与项目团队进行有效的沟通和协作，以确保项目的成功实施。

Q 您对超高层建筑照明方案作决策时最关注的是什么？

A 比如厦门银城智谷在做超高层照明方案决策时，我们主要关注方案与项目的定位、城市规划定位的匹配性，同时还应该考虑施工的可操作性、安全性、节能性、环保性、经济性、日后使用维护的便捷性等多种因素，也需要依据相关法规，对建筑照明进行合法合规的规划与设计。

Q 在超高层建筑照明系统的维护和管理方面，您的期望是什么？您是否有特定的维护和管理要求？

A 在超高层建筑照明系统的维护和管理方面，我希望能够采取专业的技术手段和管理方法，以确保照明系统的安全性和稳定性，避免发生任何意外事故。同时，也希望能够有完善的维护和保养计划，定期检查、维修和更换设备及零部件，以延长照明系统的使用寿命，提高效率和节能效果。至于特定的维护和管理要求，我认为需要根据具体情况进行定制，并严格遵守相关法律法规和行业标准，以确保维护和管理的科学性和规范性。

Q 您如何看待超高层建筑照明的投资回报率？

A 关于超高层建筑照明的投资回报率，我认为这是一个需要综合考虑的问题。一方面，照明是超高层建筑不可或缺的功能之一，对于建筑的美观和安全性都有着很大的影响。因此，在设计和建造超高层建筑时，必须在照明方面进行充分的投入，以确保其质量和效果。另一方面，投资回报率也是超高层建筑建设者必须考虑的重要因素之一。他们需要权衡投资成本和未来收益，以确保投资的可行性和盈利能力。因此，在确定照明投资回报率时，需要全面考虑各种因素，制订出合理的计划和策略。总之，我认为只要能够在兼顾照明质量和投资回报率的前提下，合理地开展超高层建筑照明工作，就能够实现双赢。

超高层建筑照明城市管理者采访篇

丁勤华　原上海市绿化和市容管理局二级巡视员，上海市第十三届人大代表。长期从事城市生态和景观管理工作，先后组织了《上海市景观照明管理办法》《上海市景观照明总体规划》《黄浦江两岸景观照明总体方案》等办法、规划、方案的编制与起草工作，组织实施了黄浦江夜景提升改造项目、黄浦江光影秀品牌打造工程，焕然一新的黄浦江夜景得到国内外城市管理专家的普遍认可与社会的广泛认同，在全国城市景观管理领域有较大的影响力。

通用问题：

Q 您认为对于一座城市来说，超高层建筑室外照明承担着哪些义务？

A 超高层建筑室外照明肩负着展示建筑个性之美、城市文化底蕴和城市形象的重大使命。

Q 您理想中超高层建筑照明的形象是怎样的？

A 契合建筑自身的特质与个性，与建筑周边区域和谐融合。

陶震　上海市劳动模范，上海市景观灯光监控中心副主任、黄浦区灯光景观管理所所长，负责上海市景观灯光监控中心的运作和上海世博会、进博会等景观照明规划、建设、管理工作，主导创新型灯具、配件和集控系统等研发工作。近年来，主导完成了外滩景观照明整体更新、南京路步行街东拓段景观照明建设、苏州河（黄浦段）景观照明建设和"外滩漫步"音乐光影秀等重大项目的建设，带领团队多次斩获中照照明奖、"夜光杯"等全国性照明大奖。

通用问题：

Q 您认为对于一座城市来说，超高层建筑照明承担着哪些义务？

A 超高层建筑照明提升了城市的气质和形象，提高了城市的辨识度，展现了城市的繁华与活力。它丰富了城市文化艺术内涵，也带来了经济效益和社会效益。

（1）凸显城市精神气质，提升城市视觉体验。超高层建筑照明强调建筑对城市天际线的意义，作为城市的一个亮点，通过合理的设计和灯光的运用，可以让建筑物在夜晚显得更加生动有趣，给人们提供更好的视觉享受。

（2）传播文化艺术正能量。超高层建筑照明将灯光视为艺术创作与表达的媒介，其功能不再局限于单一的照明属性，其艺术与创新是一种文化历史内涵的传承，一种精神能量的传递。

（3）带来一定的经济和社会效益。超高层建筑照明可以激活商业市场潜力，提升消费能级，带动经济发展，增加城市税收。此外，超高层建筑照明也可以吸引更多游客来该城市打卡消费。

（4）具有环境效益。随着技术的发展，越来越多的超高层建筑照明开始采用节能环保的产品；通过控制灯光的亮度和时间，减少对夜间生物的干扰，保护生态环境；同时树立节能、低碳、环保的理念。

Q 请您谈谈对超高层建筑灯光媒体立面的看法。

A 城市超高层建筑是否适合使用媒体立面，首先需要考虑建筑自身的结构与特色，与建筑本体协调融合的关系。其次是它在城市中扮演的角色以及它与周边建筑的关系。通过不同视角的分析，从城市尺度、街道尺度、近人尺度来设计，再定义应该营造什么样的灯光氛围。

从设计的角度出发，我们需要为城市带来美的东西，并聚焦超高层建筑，但如果整座城市都无序地、成片地做成媒体立面，超高层建筑本身的特征便凸显不出来。

超高层建筑媒体立面的设计需要因地制宜、量身定制。一方面，需要与建筑立面完美融合，使其成为建筑的一部分；另一方面，它需要引入软性的元素，介入情感的内容，就好比我们家庭装修中的软装，一旦有这些柔性物的融入，你会自然而然地建立一种亲和关系。媒体立面也是如此，好的创意会让人产生情感共鸣，甚至可以建立互动关系，这样的媒体立面才有其存在的意义和价值。

Q 请讲一个您对超高层建筑照明印象最深刻的记忆。

A 谈到超高层建筑照明，迪拜的哈利法塔令我印象深刻，不仅仅因为它是世界第一高楼，更值得一提的是它的灯光。在照明设计时，设计师充分考虑了当地的气候条件。由于迪拜所在地区的沙漠气候和高湿度环境，迪拜的天空长期处于云雾状态。设计师舍弃了在建筑周边进行大面积的泛光照明，取而代之的是根据建筑自身结构特色，在建筑物塔翼的梯形顶部上方设置窄角度的垂直灯光，一层层拾级而上，直至顶端。这样设计不但减少了对室内光的干扰，降低了对环境的光污染，而且实现了与周围景观的和谐共融。

专项问题：

Q 您如何看待超高层建筑照明这些年的发展？

A 根据世界高层建筑与都市人居学会相关统计，目前中国 150m 以上的超高层建筑已超过 2900 座，其中 200m 以上的超过 900 座，500m 以上的达到 6 座。随着人们生活水平的提高，城市建设速度加快，文旅经济及夜游经济兴起，越来越多的城市都在大规模发展景观亮化工程。随之，许多超高层建筑也被披上了"靓丽的外衣"。但近些年来，一些城市过度地理解了景观照明亮化的本质，一味追求"形象"，没有考虑城市发展的实际需求，对超高层建筑进行过度亮化，导致公共资源浪费，同时也对城市环境产生了负面影响，并使城市面临节能、环保等方面的挑战。

2022 年 6 月，国家发展改革委印发《"十四五"新型城镇化实施方案》，提出"严格限制新建超高层建筑，不得新建 500m 以上建筑，严格限制新建 250m 以上建筑"，这无疑释放了一个信号，未来的超高层建筑一定会受限，那么未来的超高层建筑照明会以怎样的形式呈现，会以什么样的价值观来引导城市的发展？这是作为城市管理者和这个行业从业者值得思考的一个问题。

Q 您从事城市管理工作时，遇到的超高层建筑照明的痛点是什么？

A 安全性：因为超高层建筑的高度较高，在建设过程中，安全性始终是第一要务，要确保设施、设备、人员及用电的安全。

运维成本高：超高层建筑的运维成本是非常惊人的，往往是普通建筑的数倍。由于其结构特性与系统功能的复杂性，需要考虑维护检修的便捷性。有时候会碰到建筑顶部为斜面的情况，这都会对灯具的安装和维修造成很大的困难。

对城市环境的负面影响：超高层建筑体量大、用光多，其亮化工程中"光污染""高能耗"等问题相当突出，成为城市的"问题"。超高层建筑的亮化工程如果没有做好，不仅浪费能源，还会带来严重的光污染。

Q 您如何看待超高层建筑照明相关的法律法规及标准？

A 目前，关于超高层建筑照明相关的规范和标准只有《超高层建筑夜景照明工程技术规程》（T/CECS 895—2021）。在国家大力倡导"双碳"目标和"绿色照明"的背景下，各地方政府也应出台具体实施意见和规范，这些政策及照明设计规范应结合当地人文底蕴，作为超高层建筑照明设计的依据，制定一套具有针对性的标准规范去指导和管理超高层夜景照明工程从设计、施工到验收等各个环节。

Q 您如何看待我国超高层建筑照明在国际上的发展水平？

A 据世界建筑学会最新统计，截至 2022 年，世界最高的 100 座已建成建筑中有 53 座位于中国。中国超高层建筑建设规模无疑走在了世界前列。

绿色照明理念：可持续性和低碳节能是国际城市照明发展的主要趋势，尤其是在欧美国家，对此重视程度普遍较高。欧美先进城市一般都非常重视绿色照明和光环境的可持续发展，在设计中，设计师考虑更多的是如何进行有效的照明，很少像国内的一些城市"为亮而亮"，在很大程度上减轻了光污染对环境造成的破坏。

色彩整体性理念：我们去一些欧美国家会发现他们城市夜晚景观照明色彩的总体感觉差不多，整体性很强。偶尔有些重点区域的建筑或重要建筑的局部会使用彩色光，但由于其"基底"（即背景色彩）是统一的，我们并没有觉得它们是不和谐的或者是杂乱无章的。

间接照明理念：间接照明是照明领域的一个重要的表达方式，长期以来成为欧美发达城市夜景照明的主要表现手法，深受建筑大师们的喜爱。站在纽约洛克菲勒中心观景台俯瞰整个纽约城市夜景，你会看到 80%～90% 的建筑都是通过"内光外透"来营造城市的夜景，设计师通过高层建筑一定比例的室内灯光、道路灯光和道路两侧商场橱窗内的灯光来营造整个城市的夜景，这是对人工光环境很好的运用，值得我们借鉴和学习。

我国目前还处在探索创新阶段，缺乏政府和行业的指导和监督，也没有具体的实施措施。

Q 您对超高层建筑照明的技术发展方向有何期望？

A 在国家"双碳"目标和"健康中国"的背景下，未来超高层建筑照明在一定程度上可能会受限制，因此，无论在设计、工程、产品、控制等方面都应该做一些精品。政府作引导，市场主导，市场有了新的需求，才有新的研发。设计应该从源头上解决问题，在建筑设计之初，照明就应该同步介入，结合建筑外立面的结构、肌理、材质等开发定制化产品，创新成果。

要发展低碳、健康、智能型的超高层建筑。要降低建筑本身的能耗和碳排放，用一些低碳的建筑材料取代大面积的幕墙玻璃材质，控制好窗墙面积比；在建筑照明设计中，应纳入前沿的绿色低碳和健康照明等技术，例如，可以采用模块化光伏系统等低碳能源，实现光伏发电优先，同时引入先进的智能型照明控制系统及设备，加速超高层建筑智能化的建设与运维，使之契合时代特征并提高总体性能。

另外，超高层建筑照明技术跨行业发展的趋势一定会越来越明显。通过推动"文商旅"的融合发展，可以实现产业升级和转型，推动消费升级，提升城市形象和品牌影响力，实现城市经济的可持续发展。

照明专家采访篇

郝洛西 同济大学建筑与城市规划学院长聘教授、博士生导师，国际照明委员会（CIE）副主席、中国照明学会特邀副理事长及外事工作委员会主任，上海市照明学会副理事长，"十四五"国家重点研发计划项目"宜居城市环境品质提升关键技术研究与应用"首席科学家。长期从事光、视觉、颜色、照明设计的教学、科研和工程实践工作。承担国家自然科学基金面上项目、国家"十三五"重点研发计划等省部级课题 15 项，获教育部科技进步奖、上海市科技进步奖等 10 项。

通用问题：

Q 您认为对于一座城市来说，超高层建筑照明承担着哪些义务？

A 谈及超高层建筑照明，大众脱口而出将其形容为"地标"。作为地标，超高层建筑照明在象征层面上，彰显着城市的能级与实力、发展和未来；在形象上，它作为视觉焦点，控制夜景空间格局，主导城市天际线的起伏、韵律；在技术上，它更代表着城市建筑技术、照明技术的最高水准。此外，超高层建筑照明还发挥着"吸引极""能量场"的作用，提升城市知名度，带动资源集聚，推动经济增长等。可以说，对于城市，超高层照明肩负的使命是引领的、多元的，亦是赋能的。

Q 您理想中超高层建筑照明的形象是怎样的？

A 超高层建筑照明首先须有高度，以建筑形态为基础，以光的造型语言，直观展现建筑高度，塑造天际线制高点；同时，呈现光科学与艺术的高度，成为高品质城市照明的典范。其次，超高层建筑照明应有气度，从城市的空间特质与人文风韵中汲取灵感，诠释城市的精神和气质。例如，麦加的皇家钟楼饭店通过 200 万个白色和绿色 LED 灯组成的媒体屏幕照亮顶端钟楼,指示全天候祈祷的时间,使城市居民感受到宗教文化的力量和庄严。此外,超高层建筑照明要有尺度,从宏观到微观,在城市尺度、整体尺度、街道尺度、近人尺度、细部尺度的序列上,完整地考虑光的效果。接下来,超高层建筑照明要有精度,通过设计精度、技术精度与安装精度实现最佳效果。最后,城市超高层照明需要适度,城市超高层照明造成的光污染问题屡遭诟病,破坏夜空环境、干扰居民生活、影响交通出行,与城市环境和谐适度,也是超高层照明应树立的重要形象。

Q 请您谈谈对超高层建筑灯光媒体立面的看法。

A 超高层建筑灯光媒体立面实现"城市—建筑—媒体—人"之间的交流互动,为超高层建筑照明提供广阔的创作与创新空间,为物联网技术、数字信息技术、环境传感新技术集成应用创造具有广泛传播效力的落地场景。近几年,大面积媒体立面在超高层建筑上盲目应用,造成光污染,并严重破坏建筑特色与城市风貌,引发大量争议。过亮、过炫、色彩太多、动感太强的超高层建筑灯光媒体立面也受到激烈批判。我想,行业管理者与从业人员应对这个问题建立理性平和、客观全面的认知,要"论对错",更要"立标尺",以具体化的刻度指标,细化管理、量化管控;还要"追求创新",以设计创新、技术创新、材料创新、产品创新、内容创新、场景创新让灯光媒体立面发挥正向价值,减少不利影响。

Q 请讲一个您对超高层建筑照明印象最深刻的记忆。

A 我印象最深刻的超高层建筑照明是我每年教学中必出现的经典案例。它是巴塞罗那自来水公司总部大楼阿格巴塔,由法国建筑师让·努维尔设计。高品质照明应与建筑共生。大楼采用双层表皮:第一层表皮是不同颜色油漆着色的铝板,颜色从底部较暖的红色调逐渐变为顶部较冷的蓝色和白色,反映了地中海的色彩。第二层表皮由 59 619 块不同倾斜角度和透明度的玻璃板覆盖。4500 个 LED 灯具被安装在两层表皮之间,在计算机系统控制下展现 1600 万种丰富色彩变化,光与材质效果的叠加,在夜间呈现出"一朵覆盖着云纹的飘浮光云"般的景观。照明无缝地融入建筑,而不会引起人们对灯具本身的注意,这是一个非常成功的设计。在许多场景下,灯光不仅是自我展示的载体,也服务于建筑,从而达成共赢。

专项问题:

Q 您对超高层建筑照明的从业者有哪些要求?

A 我期待超高层建筑照明从业者有情怀、有担当,在推动人与生态可持续发展、健康宜居城市进程中贡献专业力量,充分关注并主导人居健康照明、环境友好照明、节能减排照明的关键议题,点亮人民对美好生活的期许。

对于从业者的职业发展,我具体分享的建议是:

超高层建筑照明是"大而强、深而细"的工程，对从业者能力及素养有着全方位的要求，包括方案能力、沟通能力、需求理解能力、技术创新能力、学习能力、团队协作能力等。在我看来，最重要的是拥有全流程解决复杂问题的能力，以全面掌控超高层建筑照明的概念设计、方案设计、材料产品选型、工艺设计、测试安装、使用维护等各个环节，妥善处理各种碰撞问题。这需要从业人员长期不断淬炼、沉淀自己的专业能力与经验，拓展知识的深度与边界。不仅仅将照明领域的知识、技术了然于胸，还应对灯光的载体——城市与建筑拥有深层次的认知与了解，同时在建筑机电、节能、造价等方面也应建立充足的知识、技术储备。

Q 您对于超高层建筑照明相关专业的学生有哪些期待？

A 我想与学生们分享三个字。其一，"勇"字当先。希望学生们勇敢地"向世界挑战，开启未来之门"。瞄准行业顶尖水平，在前沿领域有所突破、有所作为。积极寻找机会，参与到行业内重大科研攻关与工程项目中，了解行业发展与科技创新之"势"，在更高站位、更广的视野上造就自己。其二，"融"字贯通。照明是多学科的交叉与融合，创新性照明理念、革新性照明技术来自人文艺术、电子信息、集成电路、生命科学等众多领域。期望学生能领悟学习、研究之"道"，主动构建跨学科的复合知识体系，塑造过硬的专业核心能力。其三，"守"字固稳。希望学生们能执着坚守。我时常对自己的学生说"心中有光，必有远方。"大到国家与行业的未来，具体到个人的学习进步与事业发展，不确定性都将是常态。那么请在不确定的迷雾中，做确定的自己，秉持对"光"的热爱，让人生之路持续发光。

Q 您认为科技的发展会取代超高层建筑照明的哪些传统领域？

A 科技创新，应运而生。科技的发展对行业各个维度的革新与颠覆难以预测，甚至先兆都难以捕捉。在此，我对未来进行几点展望。信息技术与人工智能（AI）全面提高生产力，生成式AI、智能建造、项目自动化、质量控制与预测性运维等各项科技已开始嵌入全产业链的各个环节，传统超高层建筑照明科研、设计、生产加工、施工装配、运维模式或将被全面改变。新材料科技为产品性能带来飞跃性提升，也将带来新的照明方式、施工方法、设计思维。增强现实与人机交互技术将重新定义"城市—建筑—光—人"之间的联系，拓展超高层建筑照明的边界，创造多元体验。

附加建议：

本书的采访策划立足行业实践，聚焦行业问题，问题设计有较强的专业性和针对性，对于行业的发展走向有较强的指导意义。后续可考虑将采访内容汇集整理，以制作专题视频、举办讲座、发表高水平论文等方式进一步扩大影响力，引领带动行业高质量发展。

赵建平　现任中国建筑科学研究院建筑与环境能源研究院研究员。国务院政府特殊津贴专家，全国优秀科技工作者。中国工程建设标准化协会建筑环境与节能专业委员会主任，国家半导体照明工程研发及产业联盟应用推广工作委员会主任，中国建筑学会建筑物理分会常务副理事长，中国市政工程协会城市照明专业委员会副理事长。主编完成了多项国家及行业标准，组织完成了住建部"十二五"和"十三五"期间《城市绿色照明规划纲要》的编制和国家重点研发计划项目"公共建筑光环境提升关键技术研究及示范"。

通用问题：

Q 您认为对于一座城市来说，超高层建筑照明承担着哪些义务？

A 超高层建筑是城市的地标、城市的形象、城市的灵魂。它一方面可以展现城市现代、开放、创新和发展的形象，吸引国内外的游客和投资者，推动城市的国际化进程；另一方面可以发挥优化城市空间布局的作用，合理分配城市的用地资源，提高城市的空间效益和人口密度，同时也有助于提高城市生态环境质量。

超高层建筑已走过百年历史，从其出现之日起就成为城市的焦点，其形式和风格也不断地发展变化着。我国的超高层建筑虽然相对发达国家起步较晚，但已经取得了很大的成就，像北京、上海、深圳等城市的超高层建筑可以说代表了中国超高层建筑的发展史。超高层建筑设计与城市空间的融合也正不断地完善发展，让人们体验壮观的建筑之美，感受中国建筑的雄伟与壮观。

超高层建筑的发展同时也为材料科学、机械工程、能源与动力工程、电子、通信、自动化、计算机科学等学科的发展提供了巨大动力与展示舞台，因此，超高层建筑的发展也带动了科技的发展与进步。

Q 您理想中超高层建筑照明的形象是怎样的？

A 超高层建筑的景观照明应通过不同的照明方式，即照明技术与艺术的有机组合，展现超高层建筑高耸的形象、磅礴的气势、力量的象征、个性的张扬、文化的传承、集约的典范。

Q 请您谈谈对超高层建筑灯光媒体立面的看法。

A 超高层建筑的景观照明采用媒体立面，仅仅是照明的一种手法或表现方式，并不一定是最佳的。在采用媒体立面时，不仅仅要考虑照明与建筑自身结构的有机结合，还应考虑媒体立面对周边环境的影响，以及观看超高层夜晚形象时的位置、距离，光源像素点的间距、峰值光强等因素，这些复杂的因素必然对超高层建筑的景观照明提出更高的要求。

其实，内透光、勾边及其多种照明方式的组合也不失为超高层建筑景观照明很好的方式，希望设计师能够与建筑师多沟通、多交流，在超高层建筑的景观照明中有更多的方式呈现。

Q 请讲一个您对超高层建筑照明印象最深刻的记忆。

A 超高层建筑景观照明近几年得益于 LED 照明技术的快速发展，照明的方式和种类也发生了巨大的变化。杭州、厦门、青岛等几次重大的国际活动，利用超高层建筑设置媒体立面照明，彰显了我国的经济发展及综合国力，也展现了人们对美好生活的追求。因此，超高层建筑照明在某个层面上不仅仅是照明，更是体现一个国家、一座城市的形象，做好超高层建筑照明意义重大。

专项问题：

Q 作为照明领域专家，您收到的关于超高层建筑照明最多的疑问是什么？

A 对于超高层建筑景观照明而言，构件安装的可靠性、后期的维护，以及控制系统都有非常高的要求，因此超高层建筑景观照明系统的安装、使用寿命、维护方式都将是实施过程中需要重点研究的问题。

Q 您遇到过的超高层建筑照明技术瓶颈有哪些？

A 超高层建筑景观照明技术的瓶颈，个人认为主要是安装工艺。超高层建筑的外立面往往是由玻璃幕墙组成的。玻璃幕墙的分格、造型以及构造节点将直接影响景观照明的安装方式，继而影响照明效果。

Q 您对超高层建筑照明的从业者有哪些要求？

A 对于超高层建筑照明的从业者来说，首先应适当了解超高层建筑的使用功能、结构特征、安装工艺等；其次应当熟悉景观照明的各种设计手法；最后应当了解适用于超高层景观照明的产品性能及结构形式。

Q 您对超高层建筑照明相关专业的学生有哪些期待？

A 对于超高层建筑照明相关专业的学生来讲，机遇大于挑战。练好内功是关键。需要拓宽视野，掌握更多相关知识。

Q 您认为科技的发展会取代超高层建筑照明的哪些传统领域？

A 随着科技的不断发展和产品的不断创新，照明的方式和种类都将发生巨大的变化，对玻璃幕墙行业也将带来一定的冲击，建筑构件与照明一体化必将带来新的突破。

姚梦明 昕诺飞公司大中华区照明设计与应用部总经理，中国照明学会特邀副理事长，中国照明电器协会副理事长，中国照明学会专家工作委员会主任。

通用问题：

Q 您认为对于一座城市来说，超高层建筑照明承担着哪些义务？

A 超高层建筑照明对城市形象有积极的影响。在城市化进程中，城市的同质化现象伴随出现。超高层建筑作为城市的地标，利用精心设计的照明效果增强城市天际线的美感，凸显城市特色，打造城市夜间品牌形象，提升城市居民幸福感，还可以吸引居民、旅游者和投资者，产生巨大的社会效应和经济效益，促进城市可持续发展目标的实现。然而，不合理的超高层建筑照明也会产生一些负面影响。例如，过度照明很容易导致光污染，对自然生态系统和野生动植物产生不良影响，从而破坏生物多样性，例如，影响候鸟的迁徙、夜行动物的活动、大量昆虫因趋光聚集而受到损伤，进而破坏整体生态食物链。此外，不良设计造成的光污染，包括溢散光、干扰光、眩光和无序光，还会给附近居民带来烦恼或干扰，影响居民的生活质量。因此，超高层建筑夜景照明应充分考虑并平衡城市及其居民的需求和关注，尊重城市、尊重建筑，通过明暗、层次、韵律和色调的处理，科学合理、有序地用光。它的设计应在美化城市天际线的前提下，充分考虑生物多样性保护，尽量减少光污染及其对居民的干扰等负面影响。另外，在当下"双碳"目标背景下，应通过数字化技术与绿色技术，采用高效低碳、绿色节能的先进照明设备、智能控制系统和创新服务模式来减少温室气体排放和光污染，同时通过全生命周期管理的循环经济照明理念进一步助力"蓝天碧水净土"的实现，才能建立安全、宜居、生态可持续的城市夜景照明系统，为城市居民带来心灵归属感与自然和谐的感觉，提升城市居民的健康与幸福指数，推进人与自然和谐共生的生态文明建设。

Q 您理想中超高层建筑照明的形象是怎样的？

A 超高层建筑照明不仅应该成为一个城市夜间景观的地标，更应该成为这个城市的精神符号和象征，所以其照明效果的独特美感需要与当地的历史文化、建筑精神充分融合并升华，在"城市·居民·灯光"的理念下，以光为媒，以人为本，提升城市发展的可持续性和宜居性，营造活力宜居的城市光影未来。例如，美国纽约曼哈顿岛上城和下城区的纽约帝国大厦，其建筑夜间形象由顶部的 RGBW 照明系统构成，照明效果可以随重要的历史时刻而变化。在美国大选期间会通过红色与蓝色的比例来实时反映票选情况；在圣诞节的时候会有圣诞专属的灯光表演；在中国新年会上会亮起中国红。这些充分体现了纽约这个城市的多元融合和文化交融的属性。

Q 请您谈谈对超高层建筑灯光媒体立面的看法。

A 首先需要对什么是媒体立面做一个简单的探讨。我们可以认为只要带有媒体属性的立面灯光系统都叫媒体立面，但我们也注意到因为城市亮化的迅速普及以及随后的一系列影响，人们开始对媒体立面进行更多反思。个人认为一个理想的建筑灯光媒体立面应该满足其特有的创新照明效果，并且需要与周边人文、建筑和自然环境相协调，照明呈现方式以及各子系统（包含配电、管线、安装等）均应该和建筑和谐统一，这样才能有别于 LED 广告墙或广告屏等其他形式的载体。

专项问题：

Q 作为照明领域专家，您收到的关于超高层建筑照明最多的疑问是什么？

A 很多人经常会问，超高层建筑照明和普通建筑照明有什么区别，有什么特别需要注意的细节。其实建筑规范对于超高层的定义是高于 100m 的建筑，其核心特征在于高度。当然如果再细分一下，我们认为高度超过 300m 的建筑才更具挑战性。因为高度的叠加效应，所以超高层景观照明的前期安装和后期维护都存在诸多挑战，需要将安装和检修维护的方方面面都考虑周全；因为高度的叠加效应，所以超高层建筑每 11 层左右设置避难层，大部分机电设备都被优先考虑放置于机电层，这对于跨度接近 70m 的建筑景观照明系统的垂直管线设计提出了苛刻要求；因为高度的叠加效应，所以其体量特别巨大，建筑幕墙结构存在随高度变化的各种情况，对于照明灯具的配光灵活性和精度都有极致的要求；因为高度，所以其夜景照明效果影响范围更大，参与决策环节多，决策流程复杂，给前期设计阶段提出了更多的挑战，同时设计方案需要考虑技术的先进性和前瞻性，以确保在建筑照明的全生命周期内始终保持理想的照明效果。

Q 您遇到过的超高层建筑照明技术瓶颈有哪些？

A 遇到的技术瓶颈主要来自强弱电的管线系统，因为前面提到的超高层建筑机电层 70m 跨度的问题，如果要精简管线系统，需要做到单个回路至少 35m 的走线距离，而室外景观照明灯具目前常见的是 24V 直流供电。景观照明要求回路压降控制在 10% 以内，回路电流控制在 9A 以内，这对于 24V 供电电压、35m 连续布置的灯具来说难度相当大，基本不可能做到。目前可行的解决方案是采用 48V 直流供电或 220V 交流主电压给灯具供电，两者均有成熟案例可供借鉴。

Q 您对超高层建筑照明的从业者有哪些要求？

A 超高层建筑照明从业者首先应是一名合格的专业照明从业者，必须熟练掌握照明专业知识与相关技能。

（1）照明产品和系统的技术知识，包括各类照明灯具以及控制系统、控制管理平台和各种控制协议、通信协议，如 DMX/RDM 和 Art-net/KiNET 等。

（2）了解照明设计原理，包括配光、光谱、色温、色彩、光束角、亮度、对比度、眩光、溢散光控制等。

（3）利用软件模拟灯光效果并具有搭建模型进行试验验证的能力。

（4）能够使用 CAD 及各类 3D 软件创建照明计划和布局。

（5）多种技术工种的融合能力，包括建筑、结构、水暖电、室内设计、安装、运营、维护等。

（6）熟悉与照明相关的规范和法规，包括安全、能效和性能标准。

（7）了解安装施工工艺、材料和流程，并具备在现场与建筑师、工程师和承包商等协作的能力。

（8）较强的沟通能力，包括与客户、同事和其他利益相关者进行有效沟通的能力。

Q 您对于超高层建筑照明相关专业的学生有哪些期待？

A 中国超高层建筑的建设依然在不断进行中，我们非常需要超高层建筑夜景照明相关的各类人才，希望相关专业的学生可以熟练掌握建筑照明知识和相关技能，了解最新的照明技术和行业趋势，未来为我国带来更多杰出创新的超高层建筑照明作品。

Q 您认为科技的发展会取代超高层建筑照明的哪些传统领域？

A 随着人工智能领域技术的不断发展，越来越多的建筑照明领域正在得到人工智能算法的助力，比较有前景的有：

（1）智能照明控制：人工智能可用于开发智能照明控制系统，可以根据环境亮度、自然光照度和一天中的时间等因素自动调节亮度、色温、场景和其他照明设置。

（2）预测性维护：人工智能可用于分析照明系统的数据，以在潜在的维护问题发生之前识别它们。这有助于防止设备故障并减少停机时间。

（3）能源管理：人工智能可以通过分析能源消耗数据，并制定在不影响照明质量的情况下节省能源的方法，来进一步优化照明系统的能源使用。

（4）AI 设计及设计优化：人工智能可以通过模拟照明场景并确定给定空间最高效、最符合输入特征的照明解决方案来优化照明设计。

梁荣庆　复旦大学教授、博士生导师，曾任复旦大学电光源研究所所长，光源与照明工程系主任，现任上海市照明学会理事长。主要从事科研、教学工作，培养了数十名博士、硕士。主持完成 5 项国家自然科学基金项目，多项教育部、上海市科委和地方企业的科研项目。发表 SCI 科技论文 50 余篇，获得授权专利多项，近年来工作重点主要在光源与照明工程技术领域。

通用问题：

Q 您认为对于一座城市来说，超高层建筑照明承担着哪些义务？

A 超高层建筑是城市的地标，超高层建筑的照明是城市夜空的灯塔，在夜晚格外醒目，可以进入广大人群的视野，因此超高层建筑照明对城市的夜景有非常大的影响力，可以看作是一个城市的文化符号。好的超高层建筑照明，可以给这座城市塑造良好的形象，并带来自豪感，也可以让人们获得美感、温馨感和幸福感。

Q 理想中超高层建筑照明的形象是怎样的？

A 超高层建筑照明应能基于该建筑的特点，并通过光与色彩的应用树立其在夜景中的标志性形象，在城市夜景中起到画龙点睛的作用。在照明设计上，建筑物局部要有不变的标志性部分，主体应做到光色效果的可控变换。

Q 请您谈谈对于超高层建筑灯光媒体立面的看法。

A 超高层建筑物灯光媒体立面还是有意义的，无论是静态还是动态的显示，都能够表达和传达很多信息，同时增加城市夜景的活力和灵动性。

Q 请讲一个您对超高层建筑照明印象最深刻的记忆。

A 记得是 1995 年 4 月，我在日本工作几年后回国第一天晚上来到外滩，第一次见到夜晚的上海东方明珠，看到不同色光的泛光对东方明珠的各层结构进行光的渲染，东方明珠的球体上动态的色光不断地旋转变化，交织出美轮美奂的视觉盛宴，令人叹为观止。近 30 年过去了，东方明珠的照明经过了几轮升级，现在的照明更加完善了，但还是第一次看到时印象最为深刻。其实东方明珠是高层建筑中的另类，是镂空的塔形结构，不具有超高层建筑的代表性，但其独特的地理位置、独特的外形、较大的体量，又通过很好的照明手法表现出东方"明珠"的独特效果，因此也成了上海这座城市的标志。

专项问题:

Q 作为照明领域专家，您收到的关于超高层建筑照明最多的疑问是什么?

A 多高的建筑算是超高层建筑？超高层建筑照明设计比普通高层建筑照明设计要求更高，体现在哪些方面？超高层建筑照明设计的技术难点有哪些？这些疑问在《照明技术创新与应用丛书 超高层建筑夜景照明》一书中都能找到答案。

Q 遇到过的超高层建筑照明技术瓶颈有哪些?

A 超高层建筑是一座城市的地标建筑，超高层建筑照明具有赋予城市夜间形象的重要性，需要基于建筑体的特点，通过夜景照明的光与色彩，让建筑体展现出另一番瑰丽的面貌，同时在光色应用上还需要充分考虑与周边环境和城市特色的协调性，以及安全性、光干扰、节能环保等因素。此外，超高层建筑照明工程的设计、安装、调试、验收、运行和维护等方面的技术要求比普通高层建筑照明工程的要求更高。以上是一个复杂的系统工程，环环紧扣，一着不慎，就会满盘皆输。

超高层建筑外立面照明设计需要通过建筑主体的关键部位来表达建筑的夜间特色，在考虑整体照明效果的同时，尽可能通过灯光突出建筑特色部位的形态，体现立体感、空间感和层次感。但超高层建筑的建筑结构都不同，并且高度非常高，因此在实现照明设计要求时，工程技术难度非常大。

Q 您对超高层建筑照明的从业者有哪些要求?

A 一名超高层建筑照明设计师应有相应的资质，具备优秀的照明设计专业知识，具有丰富的超高层建筑照明设计经验，了解城市照明规划和相关法规。熟悉相关的规范、标准，此外，还应具备良好的艺术和人文修养。

Q 您对于超高层建筑照明相关专业的学生有哪些期待?

A 掌握现代照明涉及的专业知识，包括发光器件、光源、光学、灯具、照明理论、计算机软件及控制技术、视觉生理学、心理学和人体工程学等技术领域的基础知识，还需要有勇于实践、不断探索的精神来提高自身的艺术修养，了解中外文化，丰富人文精神，并能将以上专业知识逐渐融会贯通。

Q 您认为科技的发展会取代超高层建筑照明的哪些传统领域?

A 未来科技发展不可限量，照明科学技术的发展一定会对超高层建筑照明产生影响，具体影响让我们拭目以待吧！

高飞　中国照明学会副理事长。财政部评审专家，科技部专家库专家。《照明工程学报》副主编，《中国照明工程年鉴（2019）》执行主编。组织并完成了国家发展改革委绿色照明项目、"中国绿色照明发展战略""2009—2012年中国照明市场调查"等多个项目，以及中国科协的多次科普活动。

通用问题：

Q 您认为对于一座城市来说，超高层建筑照明承担着哪些义务？

A 超高层建筑是展现一个现代化城市风貌的重要体现，因此超高层建筑照明有其特殊的地位和作用。可以说，超高层建筑照明充分展示城市的建筑与设计风格，充分展示城市的科技和文化发展水平，展示城市的历史、文化和特色，以及信息的传递，是反映城市市民的精神取向的重要媒介。

Q 您理想中的超高层建筑照明的形象是怎样的？

A 超高层建筑照明应该是城市风貌的体现，是城市的人文、历史、艺术的结晶，是展现建筑美的表现方式，是给予人们充分的想象和精神愉悦的照明。

Q 请您谈谈对超高层建筑灯光媒体立面的看法。

A 超高层建筑灯光媒体是近年来城市发展中的一项重要表现形式，它展示建筑的特点，以及设计师的灵感和智慧，形成令人难以忘怀的情感共鸣和艺术美感，唤醒人们对美好生活的追求和精神享受，具有建筑美学、艺术美学等精神内核，以及深刻的内涵和品质属性。

Q 请讲一个您对超高层建筑照明印象最深刻的记忆。

A 珠海易方达金融大厦超高层塔楼高达266.88m，总建筑面积约164 572m²，建筑整体呈十字交叉筒体结构，屋面为皇冠状装饰线条，屋顶设有直升机停机坪。

建筑造型新颖、设计理念先进，此超高层建筑的照明设计采用灯光还原建筑特点，营造整体海水、浪花、星光的浪漫氛围，全部采用亮度和光色均可灵活控制的全彩景观照明灯具，可根据不同季节或节日主题实现全彩联动变化；专业的配光技术及智能灯光控制程序可以更大程度地满足建筑夜景照明所需的效果。

专项问题：

Q 作为照明领域专家，您收到的关于超高层建筑照明最多的疑问是什么？

A 社会上对超高层建筑的疑问大致有以下几点：

节能问题，由于人们对 LED 光源的认识不足，节能效果会引起人们的质疑。

维护问题，经常看到超高层建筑照明会出现一些黑点，人们会质疑超高层建筑照明的维护问题。

安全问题，尤其是超高层建筑照明质量的安全问题，会引起社会的广泛关注。

Q 您遇到过的超高层建筑照明技术瓶颈有哪些？

A 超高层建筑照明技术瓶颈大概有以下几点：

设计者的艺术修养和品位决定着超高层建筑照明作为重要媒介所传递的效果。

设计者对于照明技术的理解和熟悉程度，决定了其运用照明科技成果，展示建筑和城市的特色的能力。

设计师的灵感和经验是超高层建筑照明设计的关键。

Q 您对超高层建筑照明的从业者有哪些要求？

A 超高层建筑照明的从业者应该具有以下能力：

具有专业的设计和施工经验。

充分了解照明科学与技术的发展以及未来的趋势。

对城市人文、历史以及艺术等方面知识的素养。

Q 您对于超高层建筑照明相关专业的学生有哪些期待？

A 热爱照明行业，熟悉并掌握新技术。

对超高层建筑照明的内涵充分地理解与运用。

更高的精神追求与社会知识融合并产生共鸣。

Q 您认为科技的发展会取代超高层建筑照明的哪些传统领域？

A 照明科技的发展日新月异，在数字经济、元宇宙等新技术的渗透下，照明领域不断跨界融合。人们对精神层面的追求以及对美好生活的向往，对超高层建筑的照明提出了更高的要求，新的科技将取代传统的布灯方式，达到更加形象的艺术效果。

戴聪棋 现任豪尔赛科技集团股份有限公司集团董事长，兼任北京市丰台区第七届青年联合会委员、中国智慧城市论坛秘书处主任、中国生产力促进中心协会副主任、中关村高新技术企业协会理事等。曾承接中国第一高楼上海中心大厦、北京第一高楼"中国尊"等建筑的照明项目和众多国内外主题盛会等照明设计项目，如北京冬奥会、杭州亚运会、成都大运会、上合组织青岛峰会、迪拜世博会中国馆等。

通用问题：

Q 您认为对于一座城市来说，超高层建筑照明承担着哪些义务？

A 超高层建筑被称为"立起来"的城市，"建筑高度的背后，是一个城市的梦想"。超高层建筑不仅代表一座城市的建造技术，还代表了一座城市的繁荣与实力，承担着带动经济发展、传播城市文化等多重任务。超高层建筑照明作为建筑的重要组成部分，同样承担着带动经济发展、传播城市文化的义务。尤其近几年，城市夜经济快速发展，超高层建筑照明凭借自身高度高和体量大的优势，成为"让城市亮起来，美起来"的重要措施。

Q 您理想中超高层建筑照明的形象是怎样的？

A 对于单体超高层建筑照明来讲，我认为建筑照明首先应该为建筑服务，突出建筑特征，起到画龙点睛的作用，并能表现建筑的美学高度。其次，建筑照明的效果能让建筑对外传达信息，提供人与建筑以及城市的沟通渠道。

对于整个城市来讲，超高层建筑照明在保持多样化的同时，应该统一规划做到"繁而不乱"的效果。

Q 请您谈谈对超高层建筑灯光媒体立面的看法。

A 灯光媒体立面是超高层建筑照明方式的一种，也是非常重要的。我认为超高层建筑照明媒体立面对于一个城市来说是不可或缺的。但是，要综合考虑城市的光环境、经济环境和建筑特点等因素，因地制宜地规划城市照明。就目前而言，超高层建筑灯光媒体立面在应用过程中还存在散射光污染、近视点眩光等问题。未来超高层建筑灯光媒体立面，应关注以下四点：控光效、降能耗、防污染、重运营。其中，运营尤为重要，尤其是充满创意的视频内容的制作，是传达给观赏者最直接的心理感受。

Q 请讲一个您对超高层建筑照明印象最深刻的记忆。

A 我公司完成的超高层建筑照明项目，200m 以上的有 70 多个，很多都是当地具有代表性的超高层建筑。其中中信大厦和白玉兰广场两个项目至今仍令我印象深刻。

中信大厦项目建在北京 CBD 核心区，是北京的第一高楼。从最开始的规划到后面的施工，无论是在管理模式还是建造技术方面，建设单位的管理团队都要求采用最先进的技术和工艺，并创造了多项世界第一的建造技术。这些建筑技术充分展现了中国在现代化建筑方面的技术实力和创新能力。在这种科技创新的氛围中，我司管理团队的科技创新意识得到了提高。努力寻找建筑照明专业的突破点，在灯具设计、施工安装和安全管理等方面都有创新。中信大厦建筑照明的实施经验对我司后续超高层建筑照明项目起到了非常大的指导和借鉴作用。

白玉兰广场项目地处上海北外滩黄浦江沿岸。白玉兰广场项目从设计到完成，建设单位的领导准确判断超高层建筑照明的发展趋势，果断决定采用媒体立面的照明方案，精心打造了高品质的照明工程。每当夜幕降临，华灯初上，白玉兰广场大厦在黄浦江畔璀璨夺目，超越了预期的夜景效果。

专项问题：

Q 作为照明领域专家，您接到的关于超高层建筑照明最多的疑问是什么？

A 收到最多的疑问就是，超高层建筑照明体量如此之大，尤其是媒体立面，是不是非常的耗电？其实，从前期高能效的产品选择，到后期智能化的系统运行管理，现在的超高层建筑照明已经基本实现了绿色低碳，甚至零碳或近零碳运行。

Q 您遇到过的超高层建筑照明技术瓶颈有哪些？

A 从设计方面来讲，目前超高层建筑照明还是以二维平面灯光效果为主。如何打造更加立体、更加丰富的建筑形体照明及更具视觉冲击力的立体灯光效果，是摆在我们面前的一道难题。如何真正与受众进行灯光互动交流，让观赏者真正成为超高层建筑照明的参与者，也需要艺术与技术的相互支持，是未来亟待突破的瓶颈之一。

从施工方面来讲，目前超高层建筑幕墙施工可以做到装配式安装，施工期间可以实现全程零室外高空作业。但是，超高层建筑照明的施工安装技术还做不到这一点。

Q 您对超高层建筑照明的从业者有哪些要求？

A 要完成高品质超高层建筑照明项目，就要求从业者对灯具产品、安装方式有深刻的认识与把控能力，对建筑有充分的理解与认识，能够用光传递建筑师想表达的建筑语言。艺术决定高度，文化决定深度，技术决定宽度，还要求从业者搭建"三位一体"的综合知识体系。让建筑照明行业健康、持续地发展下去，是我们每个从业者的责任。希望大家共同努力，实现更节能、更智能、更舒适的建筑照明。

Q 您对于超高层建筑照明相关专业的学生有哪些期待？

A 全面建设社会主义现代化国家，就需要推进科技创新，培养高素质人才队伍。希望照明专业的学生能够不断积累、完善自身科研能力，着眼于整个建筑行业，以建筑照明为突破点，大力推进智能建造方面的科技创新。

Q 您认为科技的发展会取代超高层建筑照明的哪些传统领域？

A 我认为科技的发展会取代人类在超高层建筑照明设计中的工作。大家都知道，人工智能会取代人类来完成部分烦琐、重复、单调的工作。人工智能可以辅助完成学术论文，同样也可以辅助非专业人员完成建筑照明设计工作。

李国宾　注册电气工程师、高级照明设计师、教授级电气高级工程师。原华东建筑设计研究院副院长，原上海市电气工程设计研究会理事长，设计项目100余项，获得各种奖项30余项。参加国家规范编制6项，其中《建筑照明设计标准》获华夏建筑科学技术奖二等奖。主持编写了《电气工程设计手册》。发表电气、照明、工程总结等论文50多篇。在上海市重点工程实事立功竞赛项目中获优秀组织者两次、记功一次，并获得"光荣在党50年"纪念章。

超高层建筑夜间照明的思考——李国宾

一个城市的高层建筑及超高层建筑的状况，是当地经济实力和文化繁荣的标杆，也是科学技术水平与实力的体现，尤其是超高层建筑往往成为阶段性的城市地标。

上海的第一幢超高层建筑是位于中山北路武宁路交叉口东南角的联合大厦（原名为陆家宅沪办大厦），是全国各省、自治区、直辖市及中央驻沪办事处联合筹建的大楼。楼高130.05m，1986年设计，1990年7月竣工。本人有幸成为该大楼电气专业设计负责人。高度超过100m的大楼定为超高层建筑，各项技术指标要求十分严格，当时国内还没有相关规范可循，给设计带来极大困难，但在政府相关部门指导下，开展调研，借鉴国外先例，顺利完成了任务。该设计于1991年获得上海市优秀设计二等奖。

当时外滩的照明亮化已经获得成功，我建议让这幢上海西部地区的"大个儿"也能在晚上放光彩，按当时造价投资20万～25万元人民币即可，但因工程负责人一句话"没有预算，没有钱"而作罢，可见当时的建筑景观化是何等艰难。

1991年迎来了浦东新区的大开发浪潮，特别是陆家嘴地区，一幢幢高层建筑、超高层建筑拔地而起，直到如今，全国各大中小城市的普遍崛起，反映了我国经济实力与科学技术的飞速发展。

在照明行业，随着半导体照明技术的发展，LED产品的出现与成熟，让夜间建筑特别是高层、超高层玻璃幕墙大楼亮起来，从不亮到亮，从亮到炫，从单楼到群体。从九江到钱塘江，从厦门到青岛，是何等的振奋人心、鼓舞斗志，但也让人搞不清晚间身在何处，杭州、青岛、厦门……这在业内引起了大家郑重思考：照明景观设计该怎样做？超高层建筑的媒体立面是单一手法吗？至今仍恍恍惚惚，让照明设计师产生了盲区，正在研讨必须逾越的瓶颈。

个人认为瓶颈有以下几点：

（1）设计人员自身技能不过硬，必须加强学习、不断提高，要有思路，不能照搬照抄、贪图方便省事。

（2）不要迁就业主，跟主管部门及领导沟通时，自己要有能力，而不是无所适从。

（3）时间紧，静不下心，方案应付了事。

（4）投资经费不足，就事论事，随波逐流。

（5）缺乏市场调研，对产品品质不了解，使用不当，造成不良后果。

随着经济的蓬勃发展，科学技术的日新月异，文化艺术越来越深入人心，我国地少人多，建造高层、超高层建筑是满足市场需求的必然趋势，对照明设计者的要求必然是十分苛刻的，大家口中的"难、难、难"是人生的坎，跨过了就是一片光明。

我对超高层建筑夜景的建议如下：

（1）尽量采用建筑内透照明，充分利用建筑原有的功能性照明，结合夜景需要可适当增补一些灯光，让建筑通透亮起来；采用智能控制让大楼每晚的亮灯方式可调，让建筑活起来。

（2）采用投射方式。现在各类投光灯具产品非常多，灯光可以投射到各个部位，呈现各种形态。

（3）可以虚实结合，不要千篇一律，重点区域需更有创意，让超高层夜景具有个性化。

（4）采用混合手法，综合各类技巧，运用更符合大楼特点的手法。

（5）"沉舟侧畔千帆过"，让我们一起加油努力，开动脑筋，争做时代的弄潮儿，努力奋斗！

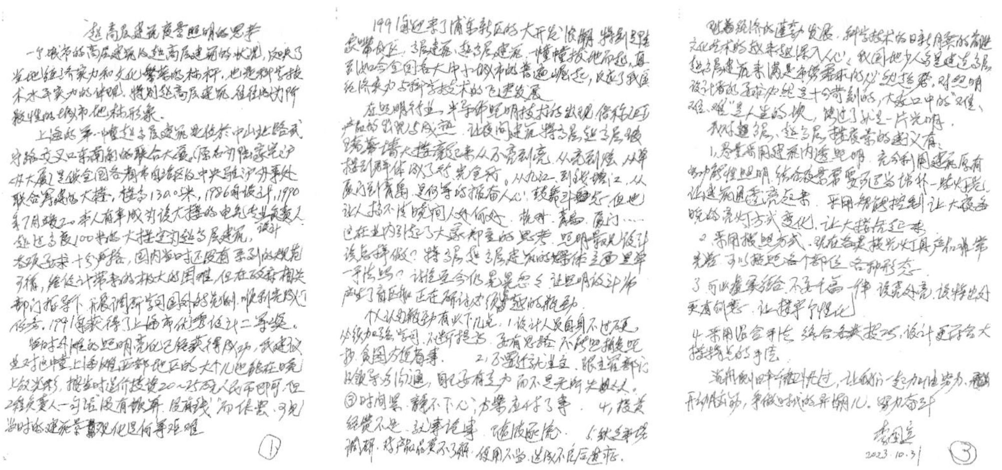

图 1　李国宾先生的手写原文

第1章 概 论

1.1 引言

2007 年，联合国经济和社会事务部宣布，世界城市人口超过了农村人口，预计到 2030 年城市居民人口将接近世界总人口的三分之二，达到 50 亿人。在这样的压力下，能够在有限的土地面积上承载较高人口数量的超高层建筑，无疑成为缓解城市人口压力的有效手段。

根据世界高层建筑与城市人居学会（Council on Tall Buildings and Urban Habitat，CTBUH）的数据，截至 2024 年 4 月，世界上已建成最高的 20 座建筑中有 10 座在中国，我国的超高层建设已经走在了世界前列，北京、上海、深圳、广州、天津等城市均已涌现出许多极具代表性的超高层建筑集群。

超高层建筑往往作为一个城市的地标，承载着当地的荣耀与繁华。然而，其在夜间的照明设计没有得到与白天建筑景观性相等的关注，却又深刻地影响着城市的魅力和形象。在前面的特篇采访中，包括建筑师、城市管理者和开发者在内的专家们普遍认同超高层建筑夜景代表了城市的形象和精神，期望在夜间表现出建筑的美感和独特性。同时照明专家们也提出目前超高层照明的发展仍然有包括技术水平、投资经费、市场调研等诸多问题待解决。

超高层建筑因其高度和体量，往往建设难度较大，投资数额巨大。对于超高层建筑照明的研究与探索，可以有效地推动照明技术的大跨步发展，通过政府、市场、学术界的多维联动，促成高科技、高效能、高质量的新质生产力萌芽、生长。

超高层建筑作为现代城市的天际线标志，其夜景照明设计不仅关乎建筑的美学表现，更涉及生态、节能、环保等多方面的考量。为了更好地探讨这一议题，以下分为 8 章，系统地剖析超高层建筑照明设计的各个方面。

第 1 章，从超高层建筑的起源入手，梳理其发展历程，深入了解建筑背后的设计初衷、文化传承和精神内涵。本章为后续的照明设计提供丰富的背景资料和理论依据。

第 2 章至第 6 章，分别为照明设计、光污染与节能、灯具及其附属装置、照明供配电及控制、安装、调试及验收。这些章节循序渐进地论述了超高层建筑照明工程的完整流程，从设计理念到实际操作，全方位地介绍了超高层建筑照明设计的要点和注意事项。

第 7 章，挑选了一些具有代表性的超高层建筑照明项目，进行深入的剖析和论述，以期为实践中的照明设计提供有益的借鉴和启示。

第 8 章，梳理整本书的调研、编写过程，对各个章节进行归纳和总结。这一章既是本书的收官之作，也是对超高层建筑照明设计的一次全面回顾，为我们进一步研究和探讨该领域提供了宝贵的经验。

总之，本书从超高层建筑的起源、照明设计流程、典型案例、发展趋势等多个角度，全面而深入地探讨了超高层建筑照明设计的各个方面。希望本书能为相关领域的从业者提供有益的参考，也为超高层建筑照明设计的发展贡献力量。

1.2　超高层建筑起源

超高层建筑的起源与发展历程，是我们理解其本质特征与内在属性的关键。从历史的角度来看，人类对高度的追求可以追溯到原始社会。在那个时代，人们建造高层住所的主要目的是避险。随着人类文明的不断发展，社会等级观念逐渐强化，权力与地位的意识深入人心。因此，人们开始寻求显著的外在标志来彰显一部分人的崇高地位。

在这个过程中，高大壮观的建筑形体应运而生，成为人们展示地位与权力的载体。这些超高层建筑不仅满足了人们的心理需求，还对城市天际线产生了深远的影响。从某种程度上来说，超高层建筑的出现是人类社会地位观念和审美观念的体现。

进一步地，超高层建筑的照明设计成为重要的研究领域。照明设计不仅需要考虑建筑的美学效果，还要兼顾安全性、能源利用等多方面因素。在这个过程中，理论基础的巩固至关重要。通过对超高层建筑起源与发展历程的研究，我们可以更深入地理解其本质特征与内在属性，为照明设计提供有力的理论支撑。

1.2.1　国外古代高层建筑

国外古代高层建筑为砖石结构，意大利威尼斯圣马可广场钟楼、法国沙特尔教堂塔楼、英国索尔兹伯里教堂主塔楼都是这一类的宗教高层建筑。埃及的胡夫金字塔，原高度为146.59m，经过几千年的风雨磨砺，顶端下降了10m，在很长一段时间都是世界第一高塔，直到1890年德国乌尔姆教堂，加建至161.53m的建筑高度刷新了这一纪录。当然了，由于古代人们对于建筑的理解以及文字、语言、交通等因素的影响，很难明确这些建筑之间有着刷新高度纪录的竞争关系。1900年意大利安托内利尖塔以167.5m的高度，成为迄今为止最高的砖石结构建筑，见表1-1。

表1-1　　　　　　　　　　砖石结构建筑高度发展史

建筑名称	建筑高度/m	建成时间
意大利威尼斯圣马可广场钟楼	98.6	1477年
法国沙特尔教堂塔楼	107	12世纪
英国索尔兹伯里教堂主塔楼	124	12世纪
埃及胡夫金字塔	136.59	约公元前2670年
德国乌尔姆教堂	161.53	1890年（塔尖最终完工）
意大利安托内利尖塔	167.5	1900年（完成穹顶细节的最终竣工时间）

尽管人们追求高度的热情丝毫未减，但当时的科学技术难以支撑高层建筑进一步发展，砖石结构建筑的高度在超过100m以后，已将材料特性和当时的建造技术推向了极致，所以上述建筑改变的只是装饰塔尖的高度，并没有取得颠覆性的成就。高层建筑发展在达到一个

巅峰以后，出现了短暂的沉寂。

1.2.2　国内古代高层建筑

在四大文明古国之中，我国无疑是独一无二的，因为只有我国的文明传承从未间断。这种独特性也体现在我国的高层建筑发展上，我国的高层建筑走上了相对独立的发展道路。高层建筑的发展经历了三个主要阶段。

第一阶段，主要是以土垒筑、土上架木的方式建造。其代表为先秦、两汉时期的高台，功能简单，形式朴素。

第二阶段，我国的高层建筑开始在土石基础上使用木架构。其代表为唐宋时期的高塔。这一阶段的高层建筑，不仅高度有了显著的提升，而且在设计和建造技术上也取得了重大突破。

第三阶段，以砖石砌筑为主，部分为砖木混合结构，但以砖石为结构主体。东汉以前，楼阁向高层发展还缺乏强有力的刺激因素。楼阁的建造，多为人的居住需要，或安全需要、军事需要等，如市楼、望楼、城楼之属，这些为人的生活所需要的楼阁建筑，多与人的尺度相近，没有必要建造得过分高大。东汉明帝年间，佛教传入中国。佛教中用以作为偶像崇拜的建筑——窣堵波，与中国楼阁式建筑相结合，便形成了一种全新的建筑形式——楼阁式塔。

这一阶段的代表作品有河南嵩岳寺塔，始建于公元 523 年，高度为 37.6m。我国现存最高的佛塔为河北开元寺塔，始建于公元 1001 年，从地面至塔刹尖部总高度为 83.7m。

在古代，建造高层建筑是一项极具挑战性的任务，需要克服众多技术难题。例如，搭建高层木结构建筑既耗资巨大，又困难重重。此外，由于缺乏科学的避雷措施，这类建筑往往更容易遭受雷击，发生火灾，使得大量人力、物力及财力付之一炬。正因如此，历史上许多著名的高层木结构建筑都未能保留至今。

1.3　现代超高层建筑

一言以蔽之，高层建筑的迅速发展归根结底源于社会需求，这是推动高层建筑形成和发展的最强动力。人类早期建设高大建筑主要源于宗教信仰，然而到了 19 世纪 80 年代，社会发展的迫切需求催生了高层建筑的兴起。随着经济发展和城市化进程的加快，美国芝加哥和纽约等地人口激增，土地供应紧张，价格飙升，这促使人们向高空发展，以拓展生存空间，在有限的土地上建造更大面积的建筑。这些因素共同构成了高层建筑及超高层建筑发展的原动力。现代高层建筑的诞生同样得益于科学技术的突破。为了实现美好愿景并满足社会发展需求，工程技术人员付出了艰苦努力，为现代高层建筑的兴起和发展提供了有力的科技支持。

发展高层建筑需要解决的第一个技术难题是建筑结构材料和结构体系。传统建筑主要采用砖石作为承重材料，采用承重与围护结构合而为一的砌体结构体系。由于砖石材料强度较低，难以形成整体性较高的结构，因此以砌体结构为特征的建筑在进一步向高空发展时受到限制。一方面，随着建筑高度的增加，结构整体性下降，这是由砌体结构抗拉强度低的力学性质决定的；另一方面，宝贵的建筑空间（底层）被结构占用，经济性迅速下降。1891 年，美国芝加哥建造了一栋以砖承重的 16 层大楼——蒙拉诺克大厦。按照当时的做法，单层砖墙厚 300mm（约 12in），每增加一层，底部墙厚需增加 100mm（约 4in），16 层高的大厦底层墙厚近 2m，既费工费料，又浪费了宝贵的空间。为了建造更高的建筑，工程技术人员积极进行建筑材料和结构体系的创新。

19 世纪初，英国出现了使用铸铁结构的多层建筑（多为矿井、码头建筑），但铸铁框架通常隐藏在砖石结构内部。1840 年以后，美国开始用锻铁梁代替脆弱的铸铁梁。由铸铁架、铸铁柱和砖石承重墙组成的笼式结构，是迈向高层建筑结构的第一步。19 世纪下半叶，钢铁制造技术取得了突破，人们能够生产型钢和铸钢。这些结构材料的创新为建筑形式和结构体系的创新创造了先决条件。

美国建筑师威廉·詹尼在总结前人成果的基础上，借鉴菲律宾竹屋的灵感，发明了一种全新的建筑结构体系——钢框架（骨架）结构体系。该结构体系的显著创新在于以钢材为承重材料，实现了承重结构与围护（分隔）结构的分离。

发展高层建筑需要解决的第二个技术难题是建筑防火。1871 年芝加哥大火使人们认识到城市建筑防火的重要性。由于当时消防设施还比较落后，消防高度通常限制在 5 层楼以下，因此高层建筑的防火主要依赖于建筑自身——即建筑材料的防火性能。钢材具有不燃性，为解决高层建筑的防火问题提供了良好条件。

发展高层建筑需要解决的第三个技术难题是垂直运输。1854 年，奥的斯在纽约世博会上展示了他的安全电梯。奥的斯通过切断缆绳来演示他的发明，电梯轿厢安全地悬挂在半空中，令人信服地展示了其安全性。1857 年，纽约百货公司安装了国家第一台蒸汽驱动的安全电梯。19 世纪 70 年代，蒸汽电梯逐渐被更快的水力电梯取代。1890 年，奥的斯公司推出了现代电力电梯。乘客电梯的出现，使建筑突破 5 层的高度限制（徒步可行的登高距离）成为可能。

发展高层建筑需要解决的第四个技术难题是远距离通信。1876 年 3 月 10 日，美国人亚历山大·贝尔发明了电话。电话的发明揭开了人类交往史上的崭新一页。1877 年，第一份用电话发出的新闻电讯稿被发送到波士顿《世界报》，标志着电话开始被公众所接受。

19 世纪 60 年代，美国已经出现了给水排水系统、电气照明系统、蒸汽供热系统和蒸汽机通风系统。制约高层建筑发展的机电系统问题均得到了解决，这标志着高层建筑建造技术基本完备。1870 年后，高层建筑的技术发展进入了新的阶段。纽约的公平人寿保险大厦被认为是高层建筑的早期范例，因为除了高度和结构外，它采用了几乎全部必需的高层建筑技术元素。该建筑采用装饰性的法式双重斜坡屋顶，虽然只有 5 层，但高度达到约 40m（130ft），并且在办公楼中首次使用了电梯。可以说它是电梯建筑或原始高层建筑的最早实例。

1885 年，威廉·勒巴隆·詹尼设计了芝加哥家庭保险大楼。该建筑地上 10 层（后加至 12 层），高达 55m，采用钢材和砖石，以钢框架为结构体系，梁柱框架承重，外墙仅起围护作用。建筑的材料消耗和重量大大降低，仅为同等规模砌体结构重量的三分之一。虽然芝加哥家庭保险大楼于 1931 年被拆除，但由此开启的高层建筑和超高层建筑蓬勃发展时代却一直延续至今。

1890 年，纽约的世界大厦以 93.9m 的高度成为当时世界第一高楼。1894 年，美国纽约的曼哈顿人寿保险大楼落成，该建筑地上 18 层，高达 106m，标志着高层建筑发展进入超高层建筑阶段。曼哈顿人寿保险大楼不仅因高度超过 100m 成为超高层建筑的先驱而载入史册，而且因为工程技术创新而长期受到世人的关注。比如，应用气压沉箱施工基础和采用电力空调进行室内采暖和降温，都开创了建筑工程技术的先河。

与美国高层建筑和超高层建筑的蓬勃发展形成鲜明对比的是，世界其他地区高层建筑的发展却非常缓慢，有些国家甚至出台法规限制高层建筑的发展。

欧洲国家出于保护传统城市风貌的目的，在相当长的时间内都用建筑法规来限制建筑物的高度。在亚太地区则由于技术原因而限制高层建筑的发展，如日本是一个地震多发的国家，由于当时结构抗震理论尚未成熟，所以政府部门只能通过控制高度来确保建筑物的安全。日本 1920 年颁布的法规规定建筑物的高度不得超过 31m。

我国上海、天津、广州及香港等地，积极消化吸收西方先进的高层建筑建造技术，建造了一批具有当时世界水准的高层建筑。早在 1912 年，上海就开始建造高层建筑，现存历史最久远的高层建筑要数位于延安东路的原上海市房地局办公大楼（原名亚细亚大楼）和上海市民用建筑设计院办公大楼（原名有利大楼），它们都建于 1913 年。尽管上海高层建筑发展起步比较晚，但是由于上海土地资源一直比较稀缺，发展高层建筑的需求极为迫切，因此高层建筑的发展非常迅速。1929 年第一座超过 10 层的高层建筑沙逊大厦落成，高 77m，13 层，由公和洋行设计。1934 年国际饭店（高 82.5m，24 层）落成，成为亚洲第一高楼，表明上海高层建筑建造技术在较短时间内达到了亚洲先进水平。

在高层建筑蓬勃发展过程中，我国也涌现了一些很有影响的高层建筑建筑师，如陆谦受设计了 76m 高的中国银行大楼（17 层，1937 年建成），李炳垣、陈荣枝设计了 68.4m 高的广州爱群大厦（14 层，1937 年建成）。但是由于历史的原因，我国高层建筑建造经历了较长时期的缓慢发展阶段，超高层建筑的诞生则更晚。尽管早在 1934 年上海即建造了亚洲第一高楼——国际饭店，但是直到 1973 年怡和大厦在香港维多利亚港填海造地上建成，中国才算进入了超高层时代。178.5m 高的怡和大厦不仅是当时香港最高楼，也是整个亚洲最高的建筑，并保持了七年的头衔，直到被新加坡所超越。1976 年，广州白云宾馆（33 层，114.05m）落成，也开启了我国超高层建筑的新篇章。现代高层建筑发展的关键时间线汇总见表 1-2。

表 1-2　　　　　　　　　现代高层建筑发展的关键时间线

年份	事件	地点	描述
19 世纪初	使用铸铁结构的多层建筑出现	英国	主要用于矿井、码头建筑。铸铁框架通常隐藏在砖石表面之下
1840 年	开始用锻铁梁代替脆弱的铸铁梁	美国	铸铁架、铸铁柱和砖石承重墙组成的笼子结构，是迈向高层建筑结构的第一步
1890 年	世界大厦	美国	高 93.9m，成为当时世界第一高楼
1894 年	曼哈顿人寿保险大楼落成	美国	18 层，高 106m，标志着开启超高层建筑阶段

续表

年份	事件	地点	描述
1920 年	日本出台建筑高度限制法规	日本	建筑物高度不得超过 31m，以确保地震多发地区的建筑安全
1913 年	亚细亚大楼和有利大楼建成	中国	上海最早的高层建筑之一
1934 年	国际饭店落成	中国	高 82.5m，24 层，成为当时亚洲第一高楼
1973 年	怡和大厦	中国	高 178.5m，当时亚洲第一高楼
1976 年	广州白云宾馆落成	中国	33 层，114.05m，我国内地进入超高层建筑发展阶段

第2章 照明设计

超高层建筑的照明设计并非简单地安装灯具和设定亮度。它是一个综合了艺术、科技、环保等多方面因素的复杂系统。在这个系统中，设计师需要运用专业的照明知识，结合建筑的特点和用途，进行巧妙的构思和设计。在超高层建筑的照明工程中，设计的重要性体现在多个方面。

1. 专业严谨的设计能帮助项目按照预定目标顺利落地并运行

一栋超高层建筑的建设，涉及相当复杂的系统构建，在设计阶段的错误决策可能导致项目因未能满足当地有关部门的审核标准而无法落地，或者因低效的甚至是不必要的照明配置而浪费资源，增加维护成本。专业的照明设计不仅能有效地指导整个照明工程的顺利推进，还能节约能源，减少设备维护和更换的频率，降低运营成本。此外，通过设计优化，避免不必要的照明设备投入，可以显著节省初期建设成本，提高项目的经济效益。

2. 设计能够提升建筑的形象和品质

通过巧妙的灯光布局和色彩搭配，设计师可以突出建筑的形体和特色，营造出独特的视觉效果。这不仅能够提升建筑的整体美感，还能够吸引人们的目光，为城市增添一道亮丽的风景线。

3. 设计还能够实现节能和环保的目标

在现代照明工程中，越来越多的设计师开始注重节能和环保。通过采用高效、节能的灯具和智能控制系统，设计师可以在保证照明效果的同时，降低能耗和减少污染。这不仅符合现代社会对可持续发展的要求，还能够为建筑带来长远的经济效益。

本章将详细阐述超高层建筑照明设计相关重点内容，并通过举例和引用来梳理超高层建筑照明区别于其他建筑照明的特征。

2.1 超高层建筑照明相关术语

2.1.1 超高层建筑

超高层建筑（super high-rise building）是指建筑高度大于 100m 的民用建筑，依据《民用建筑设计统一标准》（GB 50352—2019）第 3.1.2 条规定，建筑高度超过 100m 时，不论居住建筑还是公共建筑均为超高层建筑。

高层建筑起初为一二十层的建筑，但是现在通常指超过 40 层或 50 层的高楼大厦。随着高层建筑在各地不同的发展，人们所认知的摩天大楼的定义高度也略有不同。在中国，建筑规范规定 100m 以上高度的建筑属于超高层建筑；日本、法国规定超过 60m 的建筑就属于超高层建筑；在美国，则普遍认为 152m（500ft）以上的建筑为摩天大楼。

20 世纪初，纽约的大都会人寿保险公司大厦（俗称大都会人寿大厦）（Metropolitan Life

Insurance Company Tower，50 层，213m，1909 年建成）是世界上第一幢高度超过 200m 的摩天大楼。截至 2025 年，世界最高的超高层建筑是哈利法塔（又称迪拜塔）。哈利法塔 2010 年建成，位于阿拉伯联合酋长国（阿联酋）最大的城市迪拜，建筑高度为 828m，楼层总数 163 层。

2.1.2　色品

用国际照明委员会（International Commission on Illumination，CIE）标准色度系统所表示的颜色性质。由色品（chromaticity）坐标定义的色刺激性质。

2.1.3　颜色纯度

在 CIE x，y 色品图上，从无彩色点（$x=1/3$，$y=1/3$）到光源色度点的距离与从无彩色点到光源主波长点的距离之比，称为颜色纯度（colorimetric purity）。

2.1.4　主波长

当规定的无彩色刺激和某单色光刺激以适当的比例相加混色时，与试验色刺激达到色匹配，则该单色波长为主波长（dominant wavelength）。任何一个颜色都可以看作是用某一个光谱色按一定比例与一个参照光源（如 CIE 标准光源 A、B、C，等能光源 E，标准照明体 D65 等）相混合而匹配出来的颜色，这个光谱色的波长就是颜色的主波长。颜色的主波长相当于人眼观测到的颜色的色调（心理量）。在 CIE 1931 马蹄形坐标中，从 E 点（0.33，0.33）向被测物体所在的点作延长线，与马蹄形曲线相交，交点对应的波长即为主波长。

光源发出的主要光的颜色所对应的波长为主波长。主波长是用来描述非纯色光颜色所对应的某个纯色光波长的颜色。也就是说，不同色光的主波长可能对应同一个波长值。也可反过来说，具有相同主波长的两种光，也可能具有不同的光色。

2.1.5　照度

表面上一点的照度（illuminance）是入射在包含该点面元上的光通量 $d\phi$ 除以该面元面积 dA，即 $E=d\phi/dA$，该量的符号为 E，单位为 lx（勒克斯），$1lx=1lm/m^2$。

照度标准值（lx）按 0.5、1、2、3、5、10、15、20、30、50、75、100、150、200、300、500、750、1000、1500、2000、3000、5000 分级。照度标准值分级以在主观效果上明显感觉到照度的最小变化为原则，照度差大约为 1.5 倍，该分级与国际照明委员会标准《室内工作场所照明》（S008/E—2001）的分级大体一致。在照明设计中制定分区照明等级时，建议采用以上的照度分级。

2.1.6　亮度

亮度（luminance）是由 $d\phi/(dA \cdot \cos\theta \cdot d\omega)$ 定义的量，即单位投影面积上的发光强度，其公式如下：

$$L=d\phi/(dA \cdot \cos\theta \cdot d\omega)(cd/m^2) \tag{2-1}$$

式中　dφ——由指定点的光束元在包含指定方向的立体角 dω内传播的光通量；

　　　dA——包括给定点的光束截面积；

　　　θ——光束截面法线与光束方向之间的夹角。

亮度是矢量，具有方向性，因此同一位置，如果从不同方向看，其亮度可能会不同。在相同的照度条件下，物体的反射率不同，其亮度也不同。一般来说，物体的反射率越高，其亮度越高。

根据人眼机理及人的视觉模型，人眼感知的主观亮度和实际的客观亮度之间并非完全相同，而是有一定的对应关系。人眼能够感觉的亮度范围（称为视觉范围）极宽，从千分之几 cd/m² 直到几百万 cd/m²。之所以如此宽，是由于依靠了瞳孔和光敏细胞的调节作用。瞳孔根据外界光的强弱调节其大小，使射到视网膜上的光通量尽可能适中。在强光和弱光下，分别由锥状细胞和杆状细胞作用，后者的灵敏度是前者的 1 万倍。在不同的亮度环境里，人眼对于同一实际亮度所产生的相对亮度感觉是不同的。例如，对同一个电灯，在白天和黑夜，它对人眼产生的相对亮度感觉是不同的。另外，当人眼适应了某一环境亮度时，所能感觉的范围将变小。例如，在白天环境亮度为 10 000cd/m² 时，人眼大约能分辨的亮度范围为 200～20 000cd/m²，低于 200cd/m² 的亮度则感觉为黑色。而夜间环境为 30cd/m² 时，可分辨的亮度范围为 1～200cd/m²，这时 100cd/m² 的亮度就会引起相当亮的感觉。只有低于 1cd/m² 的亮度才会引起黑色的感觉。

2.1.7　亮度对比

视野中识别对象和背景的亮度差与背景亮度之比，亮度对比（luminance contrast）公式如下：

$$C=(L_o-L_b)/L_b \text{ 或 } C=\Delta L/L_b \tag{2-2}$$

式中　C——亮度对比；

　　　L_o——识别对象亮度；

　　　L_b——识别对象的背景亮度；

　　　ΔL——识别对象与背景的亮度差。

当 $L_o>L_b$ 时为正对比；当 $L_o<L_b$ 时为负对比。

亮度对比对人们感觉到的视觉亮度影响比较大。光亮度是一个客观测量值，而视亮度是观察者的一个主观评估值。视亮度很大程度上取决于表面的光亮度，但是和其他因素也有关，例如，视野内的总体光亮度分布，两个具有相同光亮度的表面可能会让人产生不同的明亮感。

2.1.8　颜色对比

同时或相继观察视野中相邻两部分颜色差异的主观评价。颜色对比（chromatic contrast，colour contrast）分为色调对比、明度对比和彩度对比等。

色调对比是颜色的对比，不同的色彩可以使人产生不同的心理感受。例如，红色、橙色、黄色为暖色，当人们看到这类颜色时，就联想到火的燃烧、太阳的升起、热血、红花等，在心理上会产生一种温暖的感觉；而蓝色、青色则多见于冰天雪地、海洋、天空，往往给人以寒冷的感觉。

明度对比是色彩明暗程度的对比，也称色彩的黑白度对比。在心理学中，明度对比亦称明暗对比、亮度对比。物体表面的明度受其不同背景的明度影响，使个体产生不同的主观明度感受。

彩度对比是因纯度差别形成的色彩对比。当一种颜色与另一种更鲜艳的颜色相比较时，会显得不太鲜艳，但与不鲜艳的颜色相比时，则显得鲜艳，这种色彩的对比便称为彩度对比。

2.1.9　眩光

眩光（glare）是由视野中的亮度分布或亮度范围的不适宜，或存在极端的对比，以致引起不舒适的感觉或降低观察细部或目标的能力的视觉现象。

视野中的亮度分布或亮度范围不适宜，一般是指亮度过高。在空间或时间上存在极端的亮度对比，需要注意的是对比值极端，不是指亮度的绝对值高低。在这样的情况下会引起视觉不舒适并降低物体可见度，视野内产生人眼无法适应的光亮感觉，可能引起厌恶、不舒服，甚或丧失明视度。眩光是引起视觉疲劳的重要原因之一。在驾驶或户外运动时，产生的眩光有可能引起一定的危险。眩光按光线的来源可分为直接眩光和间接眩光。直接眩光来自太阳光、太强的灯光等自发光物体；间接眩光来自光滑物体表面（光滑的建筑表面或水面等）的反光。

根据眩光对人视觉的影响程度，可分为失能眩光和不舒适眩光。损害视觉功能的眩光为失能眩光，它会造成可见度下降。失能眩光是由于光线和视线接近，光线亮度过高以至于影响观看者的正常作业。失能眩光对人眼睛的影响主要是可见度降低，眼睛的适应能力、眩光光源的位置、光源亮度等都对可见度有影响。失能眩光的影响还与人的年龄、健康情况、个体差异等有关。在建筑环境中常会遇到失能眩光，比如视野中有过亮的灯光、显示屏或其他光源时，眼睛必须经过一番努力才能看清物体，这正是失能眩光在起作用。直接眩光和反射眩光都可能成为失能眩光。

不舒适眩光是指由于亮度分布不适当，视线范围内存在高亮的光源或物品而引起视觉不适。这种不适，我们一般会下意识地通过视觉逃避的方式，避免视力受到损害。但是如果长时间处于不适眩光的环境中，还是会引起视觉疲劳、眼睛酸痛、流泪和视力下降等症状。

2.1.10　光污染

光污染（light pollution）指干扰光或过量的光辐射（含可见光、紫外线和红外线辐射）对人、生态环境和天文观测等造成的负面影响。光污染是继废气、废水、废渣和噪声等污染之后的一种新的环境污染源，主要包括白亮污染、人工白昼污染和彩光污染。光污染会危害人的眼睛健康。研究结果表明，光污染容易对人眼的角膜和虹膜造成伤害，引起视疲劳和视力下降，严重时甚至会使人感到头晕目眩、恶心呕吐。光污染会令人产生不良情绪，可能会引起头痛、疲劳、性能力下降，并增加压力和焦虑。当光线不可避免时，会对情绪产生不利影响导致焦虑。光污染也会引起生态问题，光污染影响了动物的自然生活规律，使受影响的动物昼夜不分，其活动能力出现问题。此外，其辨位能力、竞争能力、交流能力及心理皆会受到影响，更甚的是，猎食者与猎物的位置互换。

超高层建筑夜景照明工程的光污染主要由以下几个方面引起：一是建筑表面亮度过高，与周边环境对比过大，引起的眩光；二是建筑夜景照明动态变化过于强烈，特别是媒体立面照明方式，过快的亮度、色彩变化频率，给人们造成不舒适感；三是建筑夜景灯光入侵周边居民家中，影响居民的生活和休息；四是建筑夜景照明灯光溢散到天空中，对天空造成光污染。

2.1.11 溢散光

溢散光（spill light，spray light）是照明装置发出的光线中照射到被照目标范围之外的光线。

建筑夜景照明中常用的洗墙、泛光等把建筑表面照亮的照明方式，由于灯具配光控制不严格或灯具投射瞄准点不合适，常会有光线溢散到照射目标之外，这部分光就是溢散光，也是光污染的主要来源。可以通过改进灯具配光、增加遮挡措施和控制灯具照射角度等方式，对溢散光加以控制，以减少光污染。

2.1.12 上射光通比

上射光通比（upward light output ratio）是指当灯具安装在规定的设计位置时，灯具发射到水平面以上的光通量与灯具中全部光源发出的总光通量之比。

灯具发射到水平面以上的光通量与灯具的安装位置有关系。需要注意的是，此处要求灯具安装在规定的设计位置。在使用中向下方照射的灯具通常使用这个指标评价溢散光水平。此类灯具的上射光通比越小，溢散到目标之外的光越少，造成的光污染越小。

2.1.13 光谱反射比

光谱反射比（spectral reflectance）是指在某波段被物体反射的光通量与入射到物体上的光通量之比，是物体表面的本质属性。

复色光中有着各种波长（或频率）的光，这些光照射物体表面时有着不同的反射率。当光源照射到物体表面时，物体会对不同波长的光产生选择性反射。光谱反射比是物体本身对颜色的表征，不仅全面地记录了物体的颜色信息，而且也是物体表面材质的表示方式。现在建筑表面材料的颜色越来越丰富，深入了解这些材料的光谱反射比，可以通过精准地选择照明光源光谱而达到设计颜色效果。

2.1.14 光谱透射比

光谱透射比（spectral transmittance）是指在某波段被物体透射的光通量与入射到物体上的光通量之比，是物体表面的本质属性。由于物体对不同波长的光的透射比不同，一束光透射物体后，往往颜色会发生改变。为了使透射光达到设计的颜色效果，需要掌握物体的光谱透射比，通过调节入射光源的光谱实现目的。

复色光中有着各种波长（或频率）的光，这些光穿透物体时具有不同的折射率。当光源照射到可透光物体表面，物体会对不同波长的光产生选择性透射。

2.1.15　泛光照明

泛光照明（flood lighting）通常是由投光灯来照射某一场景或目标，使其明显高于周围照度的照明方式。

采取泛光照明，需要确定被照射的场景或目标与周围照度合理的比值，突显被照目标。泛光照明可细分为投光照明、洗墙照明、光束状照明等几种方式。投光照明：一般在较远处，把被照物大面积照亮。洗墙照明：灯具贴近墙面，把墙面均匀照亮，灯具距被照面较近。光束状照明：灯具把柱子等较窄的物体表面照亮，或者在被照物表面形成束状照明效果。

2.1.16　直视照明

直视照明（lighting for direct viewing）是直接观看灯具发光表面的照明方式，常见的有点、线、面等组合形式。

直接观看发光面的灯具从形态来分主要有点、线、面等类型，恰当地采用点、线、面的灯具可以营造灵活丰富的照明效果。

2.1.17　媒体立面照明

媒体立面照明（media façade lighting）基于 LED 灯具媒体播放技术，与建筑立面结合可进行媒体内容播放的照明方式。它是直视照明的一种特殊形式。

得益于 LED 灯具和控制技术的进步，通过在建筑立面布置 LED 灯具，形成适当分辨率的媒体立面，可以进行媒体内容的播放，这种方式成为近期比较流行的照明方式。但要把建筑媒体立面照明做好，首先要理解媒体立面或媒体建筑不是 LED 媒体照明灯具固定支架和载体，而是 LED 媒体照明系统和建筑的简单结合。媒体立面照明系统必须和建筑融为一体，无论是在设计理念上，还是在建构和呈现方式上，媒体都是建筑的一个有机组成部分，是不可以分离的。

2.1.18　内透照明

内透照明（lighting from interior light）是利用室内光线向室外透射的照明方式。

内透照明需要有合适的透光材料，从内部设置灯光把透光材料照亮。可以安装内透光设备把内部空间照亮，也可以不专门安装内透光设备，而是利用室内现有照明灯光，靠窗位置在晚上不关灯，照亮内部空间，形成内透照明效果。国际上许多城市的高大建筑都采用这种方式。通常是在室内靠墙或需要重点表现其夜景的部位，专门设置内透光照明设施，形成透光发光面和发光体来表现建筑物的夜景。

2.1.19　光束演绎照明

光束演绎照明（light beam show）是通过光束灯、激光灯等设备发出的光束和激光，在空中交织动态变化，形成灯光表演效果的照明方式。

光束灯发出的光和激光灯发出的激光，在空中以光束的形态呈现，对光束加以动态控制，可以形成灯光表演的效果。不仅仅是光束灯、激光灯，投影灯也是目前常用的灯光设备。这类照明形式的特点是以灯光为主角，通过光的形态、色彩、变化形成丰富的灯光秀表达方式。此种方式以建筑作为载体，往往会使建筑本身的特质被弱化。

2.1.20　灯具损坏率

灯具损坏一般有两种原因：一种是产品故障，指各种原因引起的灯具损坏；另一种是灯具寿命到期，指灯具自安装使用后输出光通量低于初始光通量 70%或无法正常使用的累计数量与该型号灯具安装数量之比。当灯具使用后输出光通量低于初始光通量 70%时，一般就无法满足照明需求，认为灯具已经失效了，应把这部分灯具归入灯具损坏率（failure rate of luminaires）计算中。

现在 LED 灯具是常用灯具，LED 不会像传统光源那样直接熄灭，LED 光衰是很缓慢的，它的寿命是通过两个值 L 和 B 来判断的。L 值定义了灯具工作输出流明与初始流明相比的百分比。意思是用工作了一段时间的灯具光通量和灯具初始光通量进行比值操作。L70 表示光通量衰减到初始光通量的 70%，L80 表示光通量衰减到原来的 80%，L90 表示光通量衰减到原来的 90%。B 值表示灯具流明达到 L 值时的比率。B10 表示有 10%的 LED 无法达到要求。比如一个灯具寿命为 30 000h（L70/B50），即为此灯具 50%比例的产品光通量降至初始值 70%以下所用的时间是 30 000 h。反过来说，是指 LED 产品在工作 30 000 h 后，仍有 50%比例的产品光衰小于 30%。

2.1.21　安全特低电压

安全特低电压（safety extra low voltage，SELV）是指电路中与电网电源隔离的特低电压。

注：（1）特低电压是指导体之间或任一导体与地之间不超过交流 50V 有效值或无纹波直流 120V 的电压（GB/T 18379—2001 电压区段Ⅰ）。

（2）隔离应达到 GB 19212.7 规定的安全隔离变压器一次电路与二次电路之间的绝缘要求，或与其等效的绝缘性能。

（3）"无纹波"通常被定义为纹波含量不超过 10%有效值的正弦脉动电压：对标称无纹波直流 120V 系统，最大峰值电压不超过 140V；对标称无纹波直流 60V 系统，最大峰值电压不超过 70V；对标称无纹波直流 30V 系统，最大峰值电压不超过 35V。

2.2　超高层建筑照明设计相关标准

照明设计的第一步是梳理相关法律法规、标准规范，从而确立该项目的设计实施框架。标准规范是确保超高层建筑照明设计安全性的基石。超高层建筑的照明设计涉及幕墙、室内机电、结构等多个领域，任何环节的疏忽都可能带来严重的安全隐患。遵循相关标准规范，可以确保照明设计的合理性、稳定性和可靠性，从而避免各种潜在的安全风险。

对于标准规范的理解也有助于提高超高层建筑照明设计的品质。照明设计不仅仅是简单的灯具选择和布置，更是通过光线、色彩、光影等元素的运用，营造出舒适、美观、具有艺术感的照明效果。遵循相关标准规范，可以在保证安全性的前提下，更好地发挥照明设计的创意和表现力，提升超高层建筑的品质和价值。

此外，相关标准规范也有助于推动超高层建筑照明设计的可持续发展。随着人们对环境保护意识的提高，绿色、低碳、节能已经成为现代城市建设的重要理念。在超高层建筑的照明设计中，遵循相关标准规范，可以充分考虑能源利用效率、环境保护等因素，采用高效节能的照明设备和控制技术，实现照明系统的绿色化和智能化。

值得注意的是，这些标准规范并不是一成不变的。随着科技的进步和人们对生活品质要求的提高，相关标准规范也在不断地更新和完善。因此，我们在进行超高层建筑照明设计时，不仅要关注现有的标准规范，还要关注其发展趋势和最新动态，以便及时了解和掌握最新的设计理念和技术手段。

同时，我们还应该注重将标准规范与实际应用相结合。虽然标准规范为照明设计提供了指导和依据，但在实际操作中，我们还需要根据具体的建筑特点、环境条件和功能需求等因素进行灵活的设计和调整。只有这样，我们才能真正实现照明设计与建筑本身的完美融合，为城市带来更加美观、舒适和宜居的环境。

1.《室外照明设施的干扰光的影响限制指南（第2版）》（CIE 150—2017）

国际照明委员会（CIE）的前身是1900年成立的国际光度委员会（International Photometric Commission，IPC），1913年改为现名。

夜景照明比较常用的国际标准是由国际照明委员会制定的《室外照明设施的干扰光的影响限制指南（第2版）》（CIE 150-2017）。这个标准是国内行业人员所熟知的标准。该指南为指导室外照明环境影响评估，给出推荐的相关照明指标限值，控制室外照明光干扰在可接受范围内。该指南涉及室外照明对包括自然环境和人工环境在内的人员日常生活各个方面的潜在影响，从居民、游客、交通工具使用者到环保主义者和天文学者。指南中提出：在城市照明中，确定合适的亮度水平提供可见性很重要。如果不考虑这些因素，照明水平往往会提高，而这些提高的照明水平一般还会引起一些消极的方面，如：

（1）照明水平不断提高（棘轮效应）。

（2）能耗增加。

（3）光污染。

（4）照明产品成本和使用成本的增加。

由于用户在日间感知到了更高的照明水平，所以他们经常会喜欢夜间的公共设施和建筑的较高照明水平，这样会让他们更有安全感。

2.《超高层建筑夜景照明工程技术规程》（T/CECS 859—2021）

根据中国工程建设标准化协会《关于印发2019年第一批协会标准制定、修订计划的通知》（建标协定〔2019〕12号）的要求，由上海麦索照明设计咨询有限公司、中国建筑科学研究院有限公司等单位编制的《超高层建筑夜景照明工程技术规程》，经协会建筑环境与节能专业委员会组织审查，批准发布，编号为T/CECS 859—2021，自2021年10月1日起施行。

该规程共分8章和2个附录，主要技术内容包括总则，术语，基本规定，设计，灯具、附件及控制设备，安装和调试，验收，运行和维护等。特别是对超高层建筑夜景照明设计的新趋势、媒体立面照明方式、照明光污染的控制、直视照明灯具亮度限值设定、灯具的安全要求、管线敷设要求、安装施工关键点、运维要求等方面提出有针对性的要求和建议。

3.《城市夜景照明设计规范》（JGJ/T 163—2008）

根据建设部《关于印发〈二〇〇四年工程建设城建、建工行业标准制定、修订计划〉的通知》（建标〔2004〕66 号）的要求，中国建筑科学研究院作为主编单位，会同国内相关单位编制了本标准。编制组对国内外大量夜景照明工程和规范文献资料进行了深入实测调查和分析研究，认真总结实践经验，并在广泛征求意见的基础上制定了本标准。主要内容包括总则、术语、基本规定、照明评价指标、照明设计、照明节能、光污染限制、照明供配电与安全等。这是室外夜景照明比较权威的标准，在实践中也得到了广泛的认可和应用。

4.《LED 夜景照明应用技术要求》（GB/T 39237—2020）

《LED 夜景照明应用技术要求》（GB/T 39237—2020）旨在规范和指导 LED 夜景照明工程的设计、施工、验收及维护等方面的工作。该标准于 2020 年 7 月 1 日实施，适用于城市道路、广场、公园、景区、商业街等场所的 LED 夜景照明工程。主要包括以下几个方面的内容：① 一般规定；② 术语和定义；③ 设计要求；④ 施工要求；⑤ 照明设备；⑥ 照明控制；⑦ 工程验收；⑧ 工程维护；⑨ 安全与环保。

5. 其他常用参考标准

《室外照明干扰光限制规范》（GB/T 35626—2017）；

《照明用 LED 驱动电源技术要求》（T/CECS 10021—2019）；

《建筑电气照明装置施工与验收规范》（GB 50617—2010）；

《电磁兼容　限值　第 1 部分：谐波电流发射限值（设备每相输入电流≤16A）》（GB 17625.1—2022）；

《供配电系统设计规范》（GB 50052—2009）；

《建筑物防雷设计规范》（GB 50057—2010）；

《电气照明和类似设备的无线电骚扰特性的限值和测量方法》（GB/T 17743—2021）；

《一般照明用设备电磁兼容抗扰度要求》（GB/T 18595—2014）。

2.3　超高层建筑照明设计分析

超高层建筑因其高度优势，往往是作为所在地标志性建筑而存在的。因此深入了解设计对象的背景条件，充分挖掘其潜在的文化基因，就成了能够代表一个区域、城市，甚至国家的前置条件。另外，深入的分析也能提前预判项目设计中的一些限制条件，降低很多试错成本。

超高层建筑因其高度和体量，具备成为地标建筑的先天优势。每栋具体的超高层建筑因其所处的气候及地理环境、人文底蕴、当地城市规划策略、交通区位、建筑特征等客观因素的差异，对应的照明策略也应有所变化。

2.3.1 城市分析

在进行超高层建筑照明设计时，首先需要进行城市区位分析，以了解建筑所处的环境、文化背景、气候特征以及周边建筑等因素，从而制订更为科学、合理的照明方案。

在进行照明设计时，必须考虑到不同城市的地理特征、气候条件、建筑风貌、文化氛围以及功能定位等，这些因素将直接影响照明设计的风格与定位。例如，南北方的温度差异对照明色彩定位、灯具选型以及安装方式的影响。再比如，在历史文化底蕴深厚的区域，照明设计应更加注重对历史元素的挖掘与呈现，以凸显建筑的文化特色；而在商业繁华的地段，则可以通过运用现代化的照明手法，打造充满活力和现代感的城市夜景。

城市分析是照明设计的基础，包含多个要素，以下将逐一阐述。

1. 气候分析

超高层建筑照明灯具的固定、隐藏与走线通常与金属幕墙相结合，临海区域的户外照明设备如果不做特殊处理，容易形成电化学腐蚀。对于空气湿度高的城市，灯具选择需要考虑提升 IP 等级，深圳平安金融中心 65 层以上的灯具就因受高空中的水汽影响出现异常，维护成本逐年增高而被更换成了 IP68 的产品。

南方地区夏季炎热，金属幕墙表面和腔体内的温度会高于空气温度，而温度是公认的加速灯具老化的第一元凶。《超高层建筑夜景照明工程技术规程》（T/CECS 859—2021）中要求灯具应能在 $-40\,℃\sim50\,℃$ 环境温度内正常工作，并应满足使用场所的环境温度、湿度和耐腐蚀性能等要求。如图 2−1 所示，从目前持续追踪测量的 29 个城市的超高层建筑的情况来看，同一高度不同朝向的超高层幕墙温度差值可以达到将近 $20\,℃$，目前检测到的单点幕墙周围环境温度与表面温度最大差值也超过了 $10\,℃$。关于环境温度与灯具实际安装位置温度之间的差异问题，还需要开展更广泛、持续的调研，但就目前所掌握的情况已经能说明，单一的环境温度无法代表超高层建筑上灯具的实际条件，需要针对所在区域的温度特点进行针对性的评估。

灯光的艺术表达在超高层建筑照明设计中不仅仅是美学追求，更是对环境气候的精准响应。不同的环境和气候条件会直接影响光的传播特性，从而影响灯光设计的效果和功能。因此，灯光的艺术表达需要结合环境气候进行针对性分析，以确保最佳的视觉效果和功能。

光的波长决定了其穿透能力，不同波长的可见光在大气中的穿透性有明显差别。在多雾、霾等低能见度的环境中，短波长（如蓝光和紫光）散射强烈，穿透能力较弱；而长波长（如红光和黄光）穿透性较强，能更好地穿过雾霾。因此，在这些区域进行照明设计时，主光色应优先考虑穿透性强的波长区段，以确保灯光能够有效地穿透大气污染物，达到预期的照明效果。

通过选择合适的灯具及光色，并结合动态调节和防护措施，照明设计师可以在各种环境条件下实现最佳的照明效果和功能。这不仅提升了超高层建筑的视觉魅力，还增强了其在复杂环境中的适应能力，体现了照明设计的专业性和科学性。

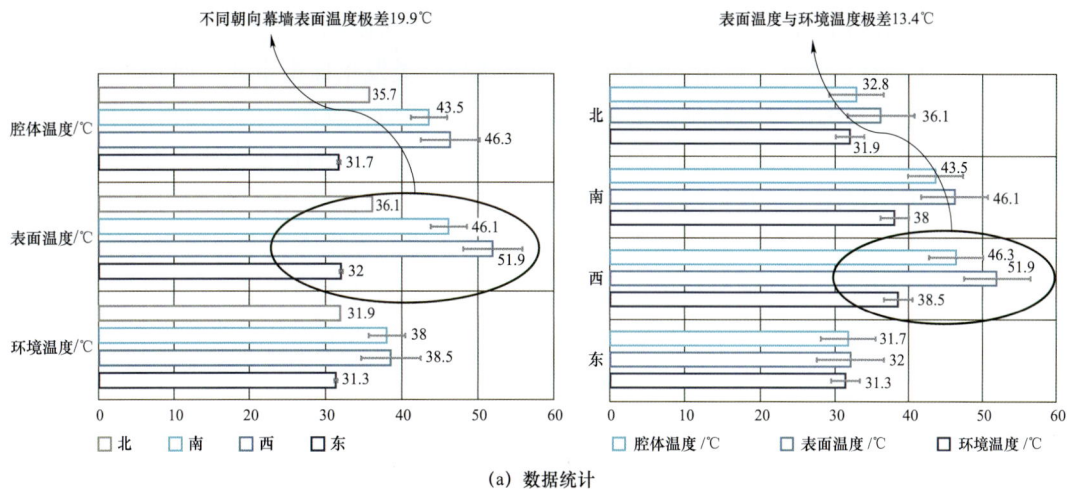

(a) 数据统计

(b) 测量过程

图 2-1 超高层幕墙温度测量

2. 地理分析

环境因素与超高层建筑照明安全问题,不仅关乎工程安全层面,更是涉及环境生态安全的重要议题。自然生态与野生动物并非远离我们的城市生活,而是与我们息息相关。野生动物的生活习性是长期适应当地自然环境的结果,而人类则借助科技与生产力,积极改造自然,以获取更多的生存资源。在此过程中,人工照明作为人类活动的重要体现,发挥着至关重要的作用。

鉴于不同地理条件造就了多样化的生态环境,随着城镇化的快速推进,野生动物与人类聚集区的重叠现象愈发普遍,这不可避免地引发了一系列生态问题。因此,我们必须高度重视环境因素对超高层建筑照明安全的影响,采取切实有效的措施,以确保工程安全与环境生态安全。

光生态(photoecology)一词所指的是生物的个体、种群或群落赖以生存的地域环境,涵盖了它们生存所必需的各类条件以及其他能够对其产生显著影响的生态因素。回溯历史，早在 1880 年，便已有记录显示灯塔的强烈灯光能够诱导鸟类发生撞击事故。而到了 1998 年，科学家们进一步观察到法兰克福地区的鸽子在受到光干扰后，其磁定向能力出现了明显的偏转现象。进入 21 世纪，2010 年的研究更是揭示出照明对于鸟类的昼夜节律具有显著的影响。这些发现与研究不仅深化了我们对光生态的理解，也为我们进一步探讨生物与光环境之间的相互作用提供了宝贵的依据。对于超高层建筑的照明来说，光生态安全问题主要体现在对迁徙候鸟的影响。因此，在环境分析中应明确当地是否位于候鸟迁徙通道上，并对夜景照明的亮度、光色、动态效果及开关灯时间进行控制。表 2-1 为三亚某超高层建筑照明方案中结合候鸟迁徙特征设计的开灯模式。

表 2-1 三亚某超高层项目照明方案开灯模式

迁徙季节	应用条件	应用区域	
		裙楼	塔楼
持续开灯时间	重大节假日灯光秀	—	10min（间隔大于 15min）
	基础照明	300min	180min
	极端天气	大雾、台风等极端天气超高层灯光更容易引发鸟撞事件，应关闭塔楼灯光	
非迁徙季节	应用条件	应用区域	
		裙楼	塔楼
持续开灯时间	重大节假日灯光秀	—	25min（间隔大于 5min）
	基础照明	300min	240min

3. 文化分析

近年来，夜景设计中"千城一面"的现象引起了人们广泛关注。人们往往将这种现象归咎于媒体立面的使用，但实际上，媒体立面的核心始终是传达的内容本身，而非传播途径。最直接的原因在于很多设计未能充分考虑建筑所在城市的文化特征和功能定位，盲目地"播放"一些"炫酷"却空洞无意义的动态画面。这种缺乏深度和文化关联的设计，虽然在视觉上具有冲击力，但难以与城市的整体形象相契合，最终导致千篇一律的视觉体验。

城市的历史背景和文化传统是照明设计的重要参考。设计师需要深入了解和挖掘城市的历史和人文资源，以此为灵感进行创作，确保设计不仅美观，而且具有深厚的文化内涵。产业结构也是城市分析的重要组成部分，城市的主要产业和经济结构会影响照明设计的重点。以长春海容广场项目为例，如图 2-2 所示，该项目的建筑夜景设计融入了长春久负盛名的轨道客车和长春电影制片厂等元素，展示了城市的独特形象。这种设计不仅增强了建筑的识别度和美观度，还有效地传达了城市的历史和文化内涵，体现了城市分析在照明设计中的重要作用。

超高层建筑照明设计不仅是技术问题，更是文化和艺术的体现。设计师必须充分理解和尊重城市的独特性，通过深入研究和分析城市的各个方面，创造出既符合功能需求，又能提升城市形象的照明设计。只有这样，才能避免"千城一面"的现象，打造出具有地方特色和文化内涵的城市夜景。

<table>
<tr><td>（a）长春海容广场一期——轨道客车主题模式实景照片
（长春高新房地产开发有限责任公司提供）</td><td>（b）长春海容广场——电影胶片主题模式效果图</td></tr>
</table>

图 2-2　长春海容广场夜景

除此之外，对周边环境的分析同样至关重要。如图 2-3 所示，周围建筑、道路、绿化等都会对照明效果产生直接影响。设计师需要考虑到建筑在城市环境中的位置，以及它与周边建筑的关系。这有助于确定建筑应该突出于周边环境，还是融入其中，从而制定相应的照明策略。此外，还需要考虑周围环境的亮度、颜色和活动水平，以便使照明设计与整个城市环境更为协调。

<table>
<tr><td>（a）30m 距离效果</td><td>（b）150m 距离效果</td></tr>
</table>

图 2-3　不同视距下超高层展示效果实例（一）

59

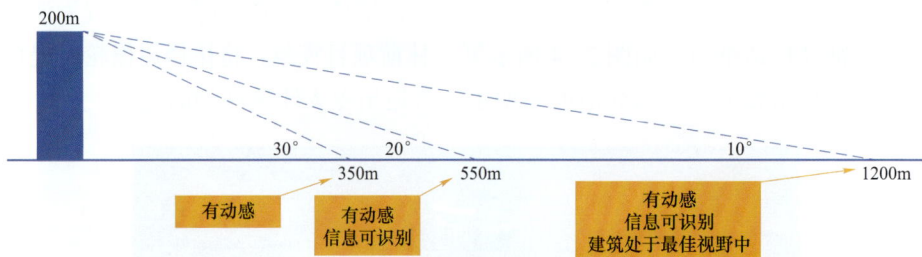

图 2-5　视野范围与媒体立面关系说明

在实际的超高层建筑照明设计中，影响媒体立面密度决策的因素非常多。除了最佳观察距离外，周边建筑遮挡情况、交通情况、主要人流方向甚至行道树与建筑立面的距离等都会影响建筑立面的展示效果和价值。因此，对于150～300m之间存量基数较大的超高层建筑照明设计，科学严谨的照明密度控制策略能够在满足项目夜景形象诉求的同时，有效地限制项目总体能耗，进而为减少碳排放做出应有贡献。

结合超高层建筑的立面展示价值，从上到下分段式设置灯具密度是控制整体能耗的有效手段。图 2-6 为上海中山公园龙之梦塔楼立面灯具密度分区示意图。

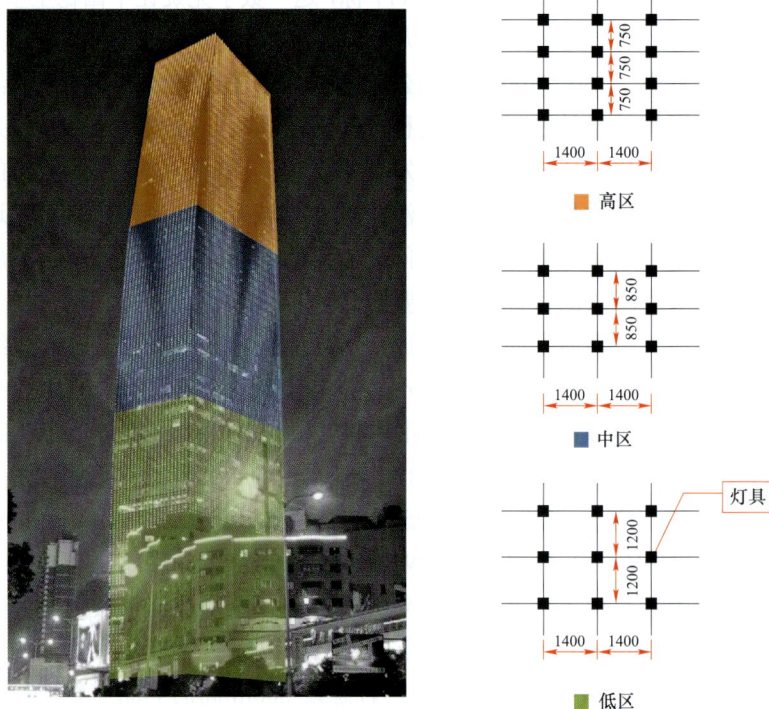

图 2-6　上海中山公园龙之梦塔楼立面灯具密度分区示意图（单位：m）

超高层建筑的建设无疑是一项浩大的工程，它不仅需要巨额的投资和先进的技术，还需要克服众多复杂的技术难题和潜在的安全隐患。这些挑战不仅涉及建筑本身的结构设计和材料选择，还涵盖了与之相关的垂直运输技术、抗风减震技术、消防安全等多个方面。

以消防安全为例，据央视报道，2023 年 1—10 月全国所发生的火灾事故中，因电气引发的火灾共有 21.7 万起，造成 418 人死亡、590 人受伤，直接财产损失 26.3 亿元，是所有火灾起因中占比最大的。超高层建筑楼层多、人员密集，救援难度大，目前国内最高的消防云梯高度仅为 101m，超高层建筑一旦发生火灾，后果将不堪设想。

安全问题是绝对不容妥协的红线，其重要性无可置疑。因此，本书在内容呈现上将严格遵循国内相关标准和法规，不涉及各种开放性的探讨，以确保信息的准确性和权威性。

3. 300m 以上超高层建筑照明

在超过 300m 的高空之上，超高层建筑宛如城市中的巨人，矗立于天际，它们的存在往往成为所在区域、城市乃至整个国家的骄傲与象征。这些巍峨的建筑不仅代表着人类文明的辉煌成就，更是城市发展的缩影，吸引着无数人的目光和关注。

对于超高层建筑而言，照明系统不仅仅是提供夜间光亮的工具，更是展现建筑魅力和特色的重要手段。因此，在照明设计上，需要综合考虑多种因素，包括建筑功能、形体表现、媒体宣传以及夜游表演等。往往建筑越高，天然体量带来的视觉震撼越强，其代表性就越强，可以高效地宣传城市。

以目前世界上最高的人工构筑物——哈利法塔为例，其照明设计堪称典范。哈利法塔高达 828m，是世界上最高的建筑，它的照明系统充分展现了其作为城市象征的地位。在照明设计上，哈利法塔不仅注重基本的建筑照明特征，还充分利用了现代照明技术，为建筑赋予了更多的层次感和动态感。

塔基：塔基部分的照明相对柔和，主要使用地面投射灯和嵌入式灯具，凸显建筑的入口和周围环境。

中段：中段的照明逐渐增强，使用洗墙灯和线性灯具勾勒出建筑的垂直线条，使整个建筑看起来更加修长和挺拔。

顶部尖塔：尖塔部分的照明最为亮眼，通过高亮度的投射灯和闪光灯具，使尖塔在夜空中显得格外醒目。

哈利法塔经常举办壮观的灯光秀，通过建筑表面的动态灯光变化，展示各种创意图案和动画。这些表演不仅吸引了大量游客，还成为迪拜城市文化的重要组成部分。

除了基本的照明功能外，哈利法塔的照明系统还充分考虑了媒体宣传的需求，成为城市宣传的重要窗口。在重要节日和文化活动期间，照明设计会融入本地文化元素和色彩，使建筑在夜晚不仅成为视觉焦点，还承载着文化和情感的表达。

总的来说，哈利法塔的照明设计是一个成功的范例，它充分展现了超高层建筑在照明设计上的多重需求和可能性。通过综合考虑建筑功能、形体表现、媒体宣传以及夜游表演等因素，哈利法塔的照明系统不仅提升了建筑的美学价值，还极大地提高了其在全球范围内的知名度和影响力。对于其他超高层建筑而言，哈利法塔的照明设计无疑是一个值得学习和借鉴的榜样。

2.4 超高层建筑照明设计手法

超高层建筑照明设计是一种复杂而精细的工作,它涉及美学、技术和管理等多个方面。根据照明设计的特点和需求,可以将设计手法分为表现手法、构思手法和实施手法三个方面。

2.4.1 表现手法

表现手法是照明设计中最直接、最生动的部分。它通过创意和技巧,将建筑的特色和美感充分展现出来。表现手法注重灯光与建筑的完美融合,使照明不仅具有功能性,还具有艺术性。在表现手法中,设计师需要掌握光的特性,如色彩、强度、方向等,以创造出丰富多样的照明效果。此外,还要考虑到建筑的材料、形状、大小等因素,使照明设计更具针对性和个性化。

超高层建筑的照明表现手法需要充分考虑建筑的特点和风格。不同的建筑在设计理念、材料运用和造型等方面各具特色,因此照明设计也应与建筑特点相契合。例如,对于现代简约风格的超高层建筑,可以采用简洁明快的照明手法,突出建筑的线条感和空间感;而对于古典风格的建筑,则可以通过柔和的灯光和光影效果,营造出一种历史感和庄重感。

在具体实践中,超高层建筑的照明表现手法多种多样。比如,可以利用不同颜色的灯光营造出不同的氛围和视觉效果;可以通过灯光与建筑结构的互动,形成独特的光影效果;还可以利用灯光与周围环境的呼应,将建筑融入城市夜景之中。这些手法的运用不仅丰富了建筑的视觉效果,还提升了城市的整体形象和文化内涵。

超高层建筑的照明表现手法是一个综合性的过程,需要充分考虑建筑的特点、节能环保和科技创新等因素。通过精心设计和巧妙运用各种照明手法,可以为超高层建筑赋予独特的魅力和生命力,让它们在城市的夜空中熠熠生辉。同时,这也为城市的发展和文化建设提供了有力的支持和推动。

以宁波中心大厦为例,设计灵感来源于莲花形象,建筑顶部的结构是最能体现莲花花瓣及花蕊形态的部位,通过投光灯、点光源、线性灯等不同功能的灯具布置在不同的建筑肌理上,密集而又有序地着重体现。顺着建筑顶部而下,将线性灯嵌入建筑幕墙内,营造出花瓣脉络的纹理,与顶部灯具共同呈现出花瓣的完整形态。顺延而下,同样选用线性灯具安装于建筑竖向结构中,以此勾勒出莲花的花柄线条。线性灯一直向下延展直到建筑底部,几条"花柄"线条在此交汇,形成"莲花座"的结构样式。同时,用投光灯着重将建筑底部打亮,体现纹理特点的同时,在视觉上营造出建筑的稳重感。最后依靠动作编排,通过控制灯光亮度、形状、色彩和明暗变化,来模拟莲花花瓣、花蕊、花柄与底座之间的平衡和谐之美,让建筑的夜景更加具有自然美学、艺术性和标志性(见图2-7)。

2.4.2 构思手法

构思手法是照明设计的灵魂,它关乎设计的理念和目标。构思手法要求设计师具备敏锐的洞察力和丰富的想象力,能够从宏观和微观两个层面进行全面规划。在构思阶段,设计师需要深入了解建筑的特点和照明需求,结合环境、文化、历史等背景,提出独特而富有创意的照明方案。同时,构思手法还要求设计师掌握照明技术的发展趋势,将先进的技术应用到设计中,提高照明效果的实用性和可持续性。

以良渚未来之光——光之塔为例,在照明设计中,以良渚当地的历史文脉为设计母题,组织夜景语言。

(a) 鸟瞰角度

(b) 冠顶灯具安装效果

(c) 塔身灯具安装效果

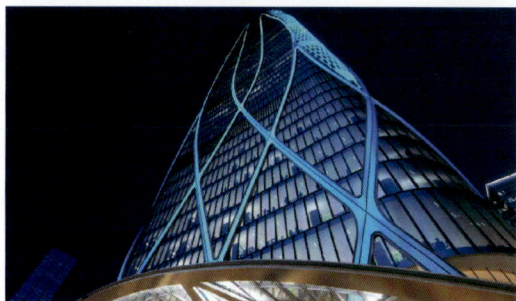

(d) 底部灯具安装效果

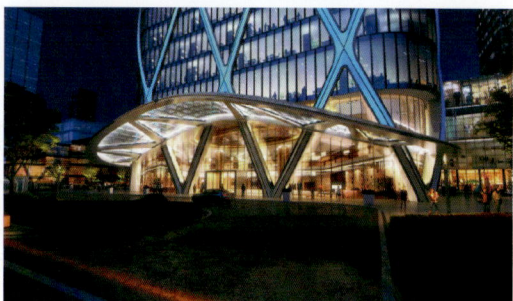

(e) 雨棚灯具安装效果

图 2-7　宁波中心大厦夜景

(浙江瑞林光环境集团有限公司提供)

良渚被誉为"中华文明的曙光",承载着丰富的历史文化和深厚的文明底蕴。其考古遗址和墓葬的发掘,提供了史前人类活动的宝贵信息,展现了人类与自然环境的关系。它证明了中华文明的独立起源和多元一体特征,是中华上下五千年的有力佐证。照明设计汲取了文明曙光和中华五千年文明的精髓,给夜景定义了"曙光色"的主基调,结合建筑体块交错形成的避难层和观光露台描绘了"五道光"来呼应中华五千年的变迁。良渚"未来之光"夜景效果图如图 2-8 所示。

图 2-8 良渚"未来之光"夜景效果图

2.4.3 实施手法

实施手法是照明设计中最为务实的一环。它涉及灯光设备的选型、布局、调试和维护等方面。实施手法注重照明工程的施工质量和效果,要求设计师具备严谨的科学态度和丰富的实践经验。在实施阶段,设计师需要与施工方、甲方密切沟通,以确保照明方案的顺利实施。同时,实施手法还要求设计师关注照明设备的性能、安全、节能等方面,以提高照明工程的综合效益。

1. 泛光照明

通常由投光灯来照射某一情景或目标,使其照度比周围照度明显高的照明方式。根据被照表面的光谱反射率设定照明参数并通过样板段验证确定;注意控制立面灯光对室内的影响;提倡截光结构或溢出光遮挡结构的应用;利用灯杆时要考虑一杆多用的集成性设计,建议灯杆造型与建筑及景观相协调。采用混光的泛光照明方式时,混光效果应满足设计要求。

泛光照明灯杆造型应与建筑、景观风格相协调,宜与景观庭院灯、监控、路灯等共杆使用。采用泛光照明时,不应对室内产生干扰光。采用洗墙的泛光照明方式时,应利用灯具遮光构件或建筑结构进行溢散光的遮挡控制。泛光照明案例如图 2-9 所示。

图 2-9 泛光照明案例（深圳地王大厦夜景）
（广州市雅江光电设备有限公司提供）

2. 内透照明

在超高层建筑照明设计中，内透照明是一种独特且具有挑战性的照明方式。由于超高层建筑的体量较大，室内功能复杂，内光外透的手法常会受到室内物业管理权限的制约，这在很大程度上影响其落地实施。

在内透照明设计过程中，透光材料的选择至关重要。透光材料的光谱吸收率决定了其对不同波长光线的吸收程度。因此，设计师需要详细分析材料的光谱吸收特性，以便对灯具的光谱强弱比例进行精确调整。例如，对于吸收率较高的光谱波段，设计师可以适当增加发光强度，以补偿光线在透射过程中的损失。

试验验证内透照明是确保照明效果达到设计要求的关键步骤。通过实际测试，设计师可以了解灯具在不同条件下的照明效果，从而优化设计方案。同时，试验验证也有助于确保照明系统的稳定性和可靠性，避免在实际使用过程中出现问题。

在采用照亮窗帘的内透照明方式时，窗帘与灯光的联动控制是实现良好照明效果的关键。当灯光打开时，窗帘自动放下，遮挡室内光线，营造相对统一的照明背景，同时避免对室内人员的干扰。这种联动控制方式对照明系统的智能化水平提出了一定要求。

值得注意的是，透光材料的可见光透射比是衡量其透光性能的重要指标。过低的透射比会导致光线在透射过程中大量损失，影响照明效果。因此，在选择透光材料时，设计师需要充分考虑其透射比性能。

此外，在确定灯具光通量时，设计师需要根据透光材料的可见光透射比进行精确计算。通过合理地调整灯具的光通量，可以确保光线在透射过程中保持足够的强度，以达到预期的照明效果。同时，灯具的光色也需要根据透光材料的可见光谱透射比进行调整，以呈现出更加自然、舒适的照明氛围。

为了确保内透照明系统的正常运行和维护，预留检修条件也是必不可少的。当采用窗帘实现内透照明时，设计师需要确保灯光和窗帘的联动控制系统具有足够的灵活性和可靠性，以便在需要时进行检修和维护。同时，合理的检修通道和检修口也有助于提高系统的维护效率。

图 2-10 展示了厦门现代服务业基地（丙州片区）的内透照明方案中，超高层塔楼的体

块划分就是通过内光外透实现的。

(a) 方案效果图

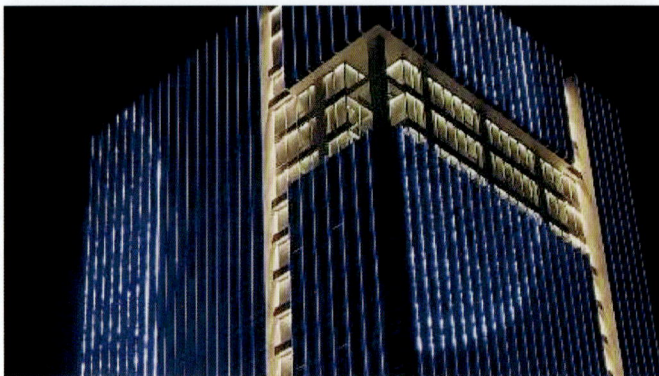

(b) 细部实景照片

图 2-10　内透照明案例［厦门现代服务业基地（丙州片区）］

3. 媒体立面照明

　　早期在建筑外立面应用 LED 灯具的案例可追溯至中国香港汇丰银行大厦（HSBC Building）。该建筑于 1985 年竣工，并在之后的几年里进行了一系列技术优化。20 世纪 90 年代，汇丰银行大厦采用 LED 灯具进行外立面照明，这是一个在当时具有创新意义的举措。汇丰银行大厦的外立面照明设计独具特色，如图 2-11 所示，LED 灯具不仅用于照亮建筑物本身，还可展示各类图案与信息。这一设计不仅提升了建筑的视觉美感，还展示了 LED 照明技术在建筑应用方面的巨大潜力。这一案例标志着 LED 技术在建筑照明领域的一个重要里程碑，并为后续众多建筑采用类似技术实现媒体立面照明效果奠定了基础。

　　媒体立面照明的实现方式有直视和间接两种，直接观看灯具发光表面的照明方式，常见的有点、线、面等组合形式。

　　采用以点成线的直视照明方式时，点间距应能满足在主要视距观看时形成线的效果。300m 以上超高层采用成像的直视照明时，高区和低区的观看距离差异较大，高区可增大像素点间距，低区可减小像素点间距，在保证效果的前提下，合理地控制成本与能耗。直视照明需要成像时，像素点间距应满足主要视距观看成像分辨率的要求。需要注意的是，直视照明的定义在于灯具发光面是否是构成夜景的主要元素，其是否能成像与灯具密度及控制有关，而媒体立面则是基于 LED 灯具媒体播放技术，与建筑立面结合可进行媒体内容播放的照明方式，有时间接照明灯具也可以构成媒体立面照明效果。

图 2-11　媒体立面照明案例（中国香港汇丰银行夜景）

珠海易方达大厦的塔楼立面照明以直视照明手法为主，如图 2-12 所示。建筑设计灵感来自"百合花"，结合建筑结构特征，突出面设置了直视线性灯，可做媒体立面效果，而凹进面则设置了直视点光源，意为"花蕊"，点间距较大，不做媒体展示。

(a) 鸟瞰角度　　　　　　　　　　　(b) 人视角度

图 2-12　直视照明案例（珠海易方达大厦夜景）

（上海光联照明有限公司提供）

宁波万豪酒店采用间接式洗墙的手法配合动态控制形成媒体立面效果，如图2-13所示。整体效果非常柔和，可有效地降低夜景平均亮度，但需要建筑载体本身具备适宜的载光条件。

(a) 人视角度

(b) 局部细节（一）

(c) 局部细节（二）

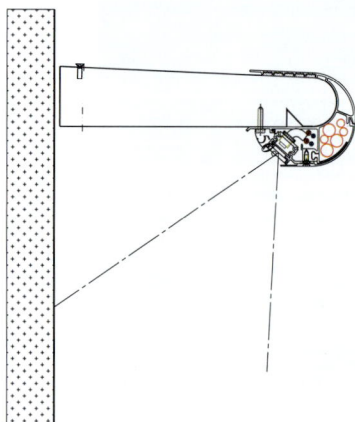

(d) 安装节点图

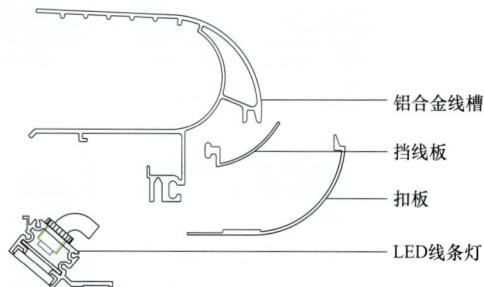

铝合金线槽

挡线板

扣板

LED线条灯

(e) 组成示意图

图2-13　间接式媒体立面案例（宁波万豪酒店）

（上海光联照明有限公司提供）

在现代照明设计中，直接观看灯具发光表面的照明方式已成为一种流行趋势，这种照明方式通过巧妙地组合点、线、面等元素，为建筑物带来独特而富有创意的视觉效果。

在 300m 以上超高层建筑的照明设计中，由于观看距离差异较大，设计师需要针对不同区域采取不同的像素间距策略。在高区，由于观看距离较远，可以适当增大像素间距，以减少灯具数量并降低能耗；而在低区，观看距离较近，需要减小像素点间距，以确保成像的清晰度和视觉效果。这种策略在保证照明效果的同时，也有效地控制了成本和能耗。

4. 光束演绎照明

光束演绎照明是指以光束灯、激光灯等设备发出的光束和激光，在空中交织动态变化，形成灯光表演效果的照明方式。此类手法的典型案例有迪拜哈利法塔、深圳平安金融中心、上海中心等。其中上海中心通过在塔尖处设置强大的激光灯光束，直冲云霄，形成一道独特的光柱。这种光束演绎不仅使建筑在城市夜空中显得更为雄伟，还为整个上海夜景增添了一抹科幻与现代感。光束演绎通过集中的、上升的光束，凸显了建筑的高度，使其在城市夜景中脱颖而出。远远望去，光束演绎使得整个上海中心大厦所在地区的夜空被亮化，为城市夜景创造了一场视觉盛宴。

采用激光、光束灯等照明方式时，光束照射高度应高于水平面，且光束不应照射到周边建筑上，以避免造成光污染。应控制照射范围和方向，避开飞机航线。由于 200m 以下的建筑设置光束演绎照明易干扰周边建筑，因此不建议设置。图 2-14 展示了光束演绎照明案例。

(a) 上海陆家嘴光束灯应用实景

(b) 新加坡滨海湾金沙酒店光束灯应用实景

图 2-14　光束演绎照明案例（一）

广告标志照明、LED 屏和园林山水景观照明等。

图 3-1　夜景照明对天空的影响

随着我国夜经济的快速发展，各大城市纷纷出台相关措施，大力发展城市夜景照明。城市夜景照明对提升城市形象、彰显城市品位、促进经济发展、提高人民生活品质都有重要意义。尤其是以旅游为主要产业的城市，夜景照明能够大力促进旅游业的发展。

在夜景照明快速发展的同时，光污染问题也越来越严重，针对夜景照明光污染的投诉也越来越多。我国城市照明光污染问题逐年加剧，建筑立面照明过亮是其中重要成因。在众多建筑立面照明手段中，媒体立面是最易引发光污染与光干扰的一种。比如目前很多建筑夜景照明采用媒体立面照明，有的表面亮度做到大于 500cd/m^2，与周边环境亮度比可达到 20:1 以上，这会产生明显的人工白昼光污染。还有的户外 LED 显示屏，在晚上表面亮度超过 1000cd/m^2，与周边环境亮度比达到 50:1 以上，这样的亮度就是极大的光污染源。还有的照明灯具亮度过高，产生刺眼的眩光。有的照明灯具溢散光严重，大量的灯光照到空中，也产生了明显光污染。

（3）彩光污染是指夜景照明、歌舞厅、夜总会等夜间游乐场所的黑光灯、荧光灯、旋转灯和彩色光源发出的彩光所形成的污染，不仅会造成人体生理功能的损害，还会对心理健康产生影响。据测定，黑光灯所产生的紫外线强度大大高于太阳光中的紫外线，且对人体有害影响持续时间长。人如果长期接受这种照射，可诱发流鼻血、脱牙、白内障，甚至导致白血病和其他癌变。彩色光源让人眼花缭乱，不仅对眼睛不利，而且还会干扰大脑的中枢神经，使人感到头晕目眩，出现恶心呕吐、失眠等症状。要是人们长期处在彩光灯的照射下，其心理积累效应，也会不同程度地引起倦怠无力、头晕、神经衰弱等身心方面的病症。现在城市夜景照明中彩色光的使用越来越频繁，而且体量越来越大。现在城市夜景追求创新和更高的观赏性，亮化的形式更加多样化，绚烂的彩色灯光运用也越来越多。

现在夜景照明中使用很多激光灯，激光污染也是光污染的一种特殊形式。激光具有方向性好、能量集中、颜色纯等特点，激光通过人眼晶状体的聚焦作用后，到达眼底时的发光强度可增大几百倍至几万倍，因此激光对人眼有较大的伤害作用。激光光谱的一部分属于紫外和红外范围，会伤害眼结膜、虹膜和晶状体。功率很大的激光能危害人体深层组织和神经系统。

人工白昼及彩色光是由人工照明引起的，防治其产生的光污染主要通过以下措施：制定和完善光污染防治的标准及法律法规；加强人工照明的光污染防治设计理念，提升设计水平，在源头杜绝光污染的产生；提升灯具技术水平，在灯具亮度、灯具配光设计及溢散光控制措施等方面加强光污染防治技术。

3.1.2 光污染的危害

光污染具有隐蔽性，很容易被人忽视，但是，光污染与其他的环境污染同样会构成危害。调查显示，目前仅有少部分市民了解玻璃幕墙、广告灯箱、LED 屏和其他光源会造成的光污染，而且，大部分市民对光污染的危害还一无所知。光污染的危害主要包括对人、动植物等的危害和对人们生产活动的危害。

光污染会危害人类的健康，主要表现在损害人们视力健康、诱发疾病及影响人们的情绪。如果长时间受强光刺激，会导致视网膜水肿、模糊，严重时会破坏视网膜上的感光细胞，甚至使视力受到影响。光照越强，时间越长，对眼睛的刺激就越大。研究表明，光污染可对人眼的角膜和虹膜造成伤害，抑制视网膜感光细胞功能的发挥，引起视疲劳和视力下降。

多个研究指出，夜班工作与乳腺癌和前列腺癌发病率的增加具有相关性。2001 年美国《国家癌症研究所学报》发表文章称，西雅图一家癌症研究中心对 1606 名妇女调查后发现，夜班妇女患乳腺癌的概率比常人高 60%；上夜班时间越长，患病可能性越大。2008 年《国际生物钟学》杂志的报道证实了这一说法。科学家对以色列 147 个社区调查发现，光污染越严重的地方，妇女罹患乳腺癌的概率大大增加。原因可能是非自然光抑制了人体的免疫系统，影响激素的产生，内分泌平衡遭破坏而导致。

光污染可能会引起人出现头痛、疲劳等症状，并增加压力和焦虑。长时间在白色光亮污染环境下工作和生活的人们，会导致人体内正常细胞的衰亡，出现血压升高，使人心急燥热、头昏心烦，甚至发生失眠、食欲下降、情绪低落、身体乏力等类似神经衰弱的症状。科学家最新研究表明，彩光污染不仅会损害人的生理功能，而且对人的心理也有影响。"光谱光色度效应"测定显示，如以白色光的心理影响为 100，则蓝色光为 152，紫色光为 155，红色光为 158，紫外线最高，为 187。如果人们长期处在彩光灯的照射下，其心理积累效应也会不同程度地引起倦怠无力、头晕、性欲减退、阳痿、月经不调、神经衰弱等身心方面的病症。

光污染会引发意外事故，在阳光明媚的季节，尤其是到了夏季，室外建筑物的玻璃幕墙会将强烈的太阳光反射到附近居民楼内，增加了室内温度，影响了人们的正常生活。有些玻璃幕墙呈半圆形，会造成反射光汇聚，甚至容易引起火灾。烈日下驾车行驶的司机会遭到玻璃幕墙反射光的突然袭击，造成人突发性暂时失明和视力错觉，易导致交通事故的发生。光污染也会影响天文观测，就天文观测条件来讲，随着天空亮度的增加，望远镜根本无法过滤掉天空中具有某种光谱特征的光线，城市照明的直射光线将直接影响天文观测活动，这使得天文台不得不搬迁到远离城市的偏僻地段。例如，英国的格林尼治天文台和我国的紫金山天文台都已另选新址。天文望远镜可以观测 1000 亿 km 以外的星球的光域，一个闪烁于 30km 以外的霓虹灯，就可以干扰和掩盖从遥远天体传来的微弱光线。

3.2 光污染限制措施

3.2.1 立面照明参数限制

1. 建筑物泛光照明亮度限制

采用泛光照明时，建筑表面亮度不能过亮，特别是大体量的超高层建筑，表面亮度过高会造成明显的光污染。为了控制光污染，营造合适的建筑夜景照明，汇总了不同城市规模及环境区域建筑物泛光照明照度和亮度限值，见表 3-1。

表 3-1　　　　不同城市规模及环境区域建筑物泛光照明照度和亮度限值

建筑物饰面材料		城市规模	平均亮度 / (cd/m²)		平均照度/lx	
名称	反射比ρ		E3 区	E4 区	E3 区	E4 区
白色外墙涂料,乳白色外墙釉面砖,浅冷、暖色外墙涂料，白色大理石等	0.6～0.8	超大、特大、大	10	25	50	150
		中	8	20	30	100
		小	6	15	20	75
银色或灰绿色铝塑板、浅色大理石、白色石材、浅色瓷砖、灰色或土黄色釉面砖、中等浅色涂料、铝塑板等	0.3～0.6	超大、特大、大	10	25	75	200
		中	8	20	50	150
		小	6	15	30	100
深色天然花岗石、大理石、瓷砖、混凝土，褐色、暗红色釉面砖、人造花岗石、普通砖等	0.2～0.3	超大、特大、大	10	25	150	300
		中	8	20	100	250
		小	6	15	75	200

首先需要明确的是，最终限制的是建筑物表面亮度，要使建筑表面亮度不超限值，而不是照度。因为建筑物表面亮度与建筑表面材料的反射属性及灯光的照度有关，在同样的照度水平下，建筑表面材料反射比越高，建筑亮度越高。

表 3-1 根据建筑材料的反射比高低分了三档，在达到同样的亮度情况下，推荐了相应的照度值。在实际操作中，可先根据项目所在区域，确定需要达到的亮度水平，再根据建筑表面材料反射比的高低，依据表选择对应照度值。通过照度模拟计算，确定合适的灯具类型及数量。

由于建筑表面材料的反射比差异很大，仅根据表 3-1 进行选值，结果会有较大的误差。建议取得建筑表面材料的准确反射比，在灯光模拟软件里直接模拟亮度值，经过样板测试进行验证。

2. 住宅建筑居室窗户外表面的垂直照度

在超高层建筑周边的住宅，易受建筑夜景照明光污染影响。为控制光污染，需限制居室窗户外表面上的垂直照度。若周边存在居民区，超高层建筑夜景照明引起的住宅建筑居室窗户外表面的垂直照度限值应不大于表 3-2 中的规定。在进行照明设计时，需调研周边建筑状况，若存在住宅，需计算居室窗户外表面的垂直照度，以确保其不超标。需要注意的是，此处说的照度为项目中所使用所有灯具累积的总和结果。因此，项目初期应对周边住宅的朝向和位置进行充分调研，并根据实际情况调整照明设计的主要立面，减少次要立面的灯具使用数量或降低立面照度或亮度。

表 3-2　　　　　　　住宅建筑居室窗户外表面的垂直照度限值　　　　（单位：lx）

照明技术参数	应用条件	环境区域	
		E3 区	E4 区
垂直照度 E_v	熄灯时段前	10	25
	熄灯时段	2	5

3.2.2　灯具参数限制

1. 直视灯具发光强度限值

在照明技术日新月异的今天，我们不仅要追求光的功能与美观，更要关注其对人体健康、能源消耗和环境保护的影响。通过精确控制灯具的发光强度，可以避免过强或过弱的光线对眼睛造成的不适，提供舒适的视觉环境。根据实际需求合理调整照明设备的功率，减少不必要的能源消耗，从而达到节能减排的目的。

超高层建筑夜景照明如果采用了直视照明方式，除了需要限制建筑表面亮度，也需要限制灯具的亮度。避免出现建筑表面平均亮度不超标，但灯具亮度过高而产生眩光污染的情况。直视照明灯具发光强度限值不应大于表 3-3 的规定。

表 3-3　　　　　　　　直视照明灯具发光强度限值　　　　　　（单位：cd）

照明技术参数	安装高度	光源发光面积	应用条件	环境区域	
				E3 区	E4 区
最大发光强度	250m 以上	20cm² 及以下	熄灯时段前	200	350
			熄灯时段	50	50
		20~100cm²（含）	熄灯时段前	450	750
			熄灯时段	150	150

续表

照明技术参数	安装高度	光源发光面积	应用条件	环境区域	
				E3 区	E4 区
最大发光强度	250m 以上	100～300cm²（含）	熄灯时段前	900	1500
			熄灯时段	300	300
		300cm² 以上	熄灯时段前	1800	3000
			熄灯时段	600	600
	50～250m	20cm² 及以下	熄灯时段前	50	100
			熄灯时段	25	25
		20～100cm²（含）	熄灯时段前	175	300
			熄灯时段	50	50
		100～300cm²（含）	熄灯时段前	350	600
			熄灯时段	125	125
		300cm² 以上	熄灯时段前	700	1200
			熄灯时段	250	250
	50m 及以下	20cm² 及以下	熄灯时段前	20	30
			熄灯时段	7	7
		20～100cm²（含）	熄灯时段前	40	70
			熄灯时段	15	15
		100～300cm²（含）	熄灯时段前	90	150
			熄灯时段	30	30
		300cm² 以上	熄灯时段前	180	300
			熄灯时段	60	60

表 3-3 适用范围为灯具整体，其中光源发光面积的定义为灯具的发光面在观测视角方向的投影面积，具体计算方式和参考标准为《室外照明设施干扰光限制指南 第 2 版（GUIDE ON THE LIMITATION OF THE EFFECTS OF OBTRUSIVE LIGHT FROM OUTDOOR LIGHTING INSTALLATIONS，2ND EDITION）》（CIE 150：2017）。对于发光面尺寸：建议采用 IESNA LM-63-2002 的标准发光面定义。直视照明采用线条灯时，可采用灯具发光面的长度乘以宽度来计算；灯具为圆形时，可采用圆形面积公式来计算。例如，线条灯具发光面长度为 1m，宽度为 2cm 时发光面积为 200cm²；点光源发光面直径为 3cm 时发光面积约为 7cm²。

熄灯时段由地方政府根据当地实际条件定义，如地方规定熄灯时段必须全部关闭，则以地方性法规为准。

2. 直视照明灯具额定功率限值

直视点光源灯具的额定功率限值不宜大于表 3-4 的规定。

表 3-4　　　　　　　　　　　直视点光源灯具的额定功率限值　　　　　　　（单位：W）

照明技术参数	安装高度	点光源发光面直径	环境区域	
			E3 区	E4 区
额定功率	250m 以上	5cm 及以下	7	12
		5～10cm（含）	15	25
		10cm 以上	30	50
	50～250m（含）	5cm 及以下	1.5	3
		5～10cm（含）	5	10
		10cm 以上	10	20
	50m 及以下	5cm 及以下	0.5	1
		5～10cm（含）	1	2
		10cm 以上	3	5

　　直视照明采用点光源灯具时，为了便于快速地得到不同出光面直径对应的点光源额定功率限值，表 3-4 额定功率限值是采用 30cd/W 根据上条灯具发光强度限制表中的最大发光强度限定值折算而得；由于不同灯具的最大发光强度与额定功率之间的比例关系并非相同。此条建议作为快速得到点光源额定功率限值的设计参考。

　　例如，点光源发光面直径为 3cm，安装在高度不超过 50m 区域时，针对 E4 区的单颗点光源的额定功率限值查表可得为 1W。

　　直视线性灯具的额定功率限值不宜大于表 3-5 的规定。

表 3-5　　　　　　　　　　　直视线性灯具的额定功率限值　　　　　　　（单位：W）

照明技术参数	安装高度	发光面宽度	环境区域	
			E3 区	E4 区
每米额定功率	250m 以上	1cm 及以下	15	25
		1～3cm（含）	30	50
		3cm 以上	60	100
	50～250m（含）	1cm 及以下	5	10
		1～3cm（含）	10	20
		3cm 以上	25	40
	50m 及以下	1cm 及以下	2	4
		1～3cm（含）	6	10
		3cm 以上	12	20

　　直视线性灯具，通常指发光面长度与宽度尺寸比大于 8 的灯具。直视照明采用线性灯具时，为了便于快速得到线性灯具每米发光强度、发光面宽度和每米额定功率的对应关系，所计额定功率以 15cd/W 的方式根据表 3-5 的限定值折算而得，此表建议作为设计参考。例如，发光面宽度为 2cm 的直视线性灯具安装在高度不超过 50m 区域时，针对 E4 区的每米额定功

率限值查表为 10W。

3.2.3 照明手法限制

为了避免对周围产生光污染，照明手法限制需要注意以下几个方面：

1. 定向照明

采用定向照明，将光源的方向限制在建筑物内或者向下照射，避免过多的光线散射进周围环境。使用遮光罩和定向光源可以有效地控制光线的方向。

2. 亮度控制

使用可调光系统，根据不同的时间和需要，调整照明亮度。这样可以确保在夜间或需要低照度时，将光污染降到最低。

3. 时控系统

配备自动时控系统，使照明在夜间或非使用时段能够自动关闭或减弱亮度。这有助于降低不必要的光污染。照明设计应根据周边居民的作息规律，合理地设定开关灯时间。需要调研项目地周边居民的作息规律，在熄灯时段应把建筑夜景照明关闭或降低亮度。当超高层建筑照明运行一段时间后，要调查周边居民的反馈，对开关灯时间进行调整，以营造和谐的夜景照明。

4. 光束控制

确保光束的控制范围，避免过量的光线照射到天空或邻近的建筑物上。这可以通过精确设计灯具和使用适当的遮光设施来实现。限制光束案例如图 3-2 所示。

(a) 建筑效果图

图 3-2 限制光束案例（一）（单位：mm）
（深圳磊飞照明科技有限责任公司提供）

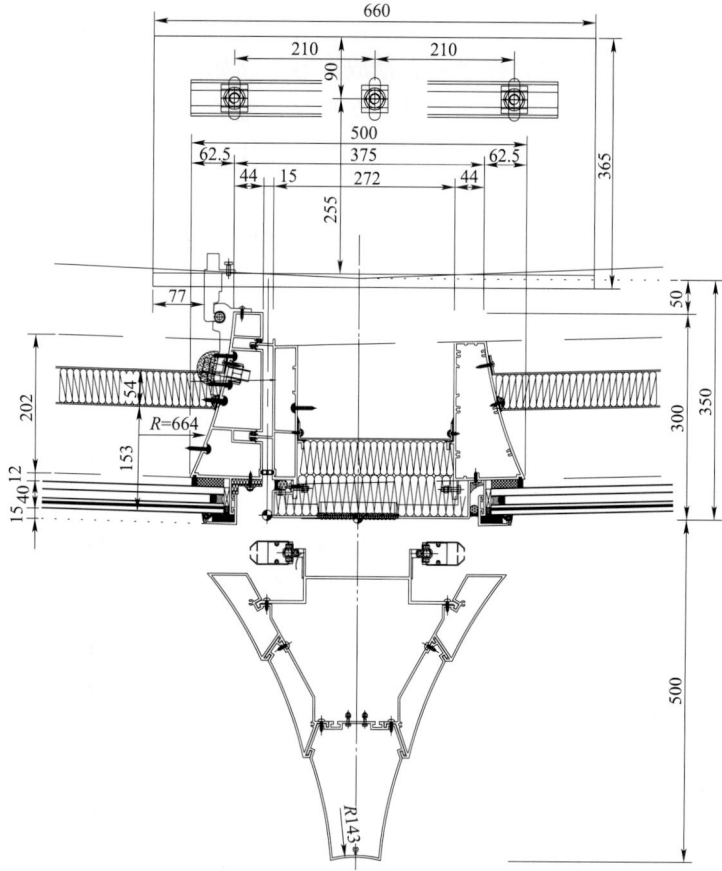

（b）灯具安装节点

（c）灯具样式

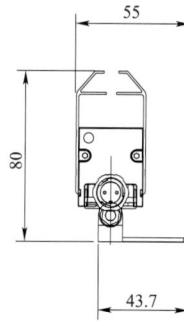

（d）灯具尺寸

图 3-2　限制光束案例（二）（单位：mm）
（深圳磊飞照明科技有限责任公司提供）

5. 内容控制

应结合周边环境条件合理设计夜景动态播放内容。比如面向周边居住区的媒体立面照明为避免对居民产生光污染，播放内容建议以静态为主，播放动态内容时应降低切换频率。动态画面每帧的播放时间不应小于 2s，切换时间不应小于 1s。

6. 环境监测系统

部署环境监测系统，应根据实时光污染情况调整照明系统。这有助于根据需要动态地调整光照水平。

3.3　光生态问题

3.3.1　光污染对生态的影响

光污染对动物也会产生不利影响，光污染影响了动物的自然生活规律，受影响的动物会出现昼夜不分，并使得其活动能力出现问题。此外，其辨位能力、竞争能力、交流能力及心理都会受到影响，更甚的是猎食者与猎物的位置会发生互调。有研究指出光污染使得湖里的浮游生物的生存受到威胁，如水蚤，因为光害会帮助藻类繁殖，制造赤潮，结果杀死了湖里的浮游生物及污染水质。光污染亦可在其他方面影响生态平衡。例如，人工白昼还会伤害昆虫和鸟类，因为强光可破坏夜间活动昆虫的正常繁殖过程。同时，昆虫和鸟类可被强光周围的高温烧死。鳞翅类学者及昆虫学者指出夜里的强光影响了飞蛾及其他夜行昆虫的辨别方向的能力。这使得那些依靠夜行昆虫来传播花粉的花因为得不到协助而难以繁衍，结果可能导致某些种类的植物在地球上消失，并在长远而言破坏了整个生态环境。

夜景照明的灯光对人们来说营造了美好的夜晚景观，但却对夜行动物造成了很大影响。光污染对候鸟来说是一个重大威胁，会导致它们在夜间飞行时迷失方向与建筑物相撞，干扰它们的生物钟，或干扰它们进行长途迁徙的能力。海鸟亦会受到光污染的影响使它们在由巢穴飞至大海时迷失方向。另外，跟人类一样，灯光也扰乱了一些鸟类的昼夜节律。即使到了晚上，它们也非常活跃。科学家推测这可能是因为人造的亮光，给鸟类带来了"依旧是白天"的错误线索。据美国鱼类及野生动物部门推测，每年受到光污染影响而死亡的鸟类达 400 万～500 万只，甚至更多。因此，志愿人士成立了关注致命光线计划，并与加拿大多伦多及其他城市合作在候鸟迁移期间尽量关掉不必要的光源，以减少其死亡率。

美国世贸中心举办的"9·11"纪念活动，用 88 个 7kW 的氙气探照灯直射向曼哈顿的天空，以示追思。在强光照射之时，光柱中出现了成千上万的神秘白色小物体。经证实，这些不明白色小物体其实是成千上万只鸟儿。专家介绍说，在强光的照射下，鸟类会迷失方向。纪念活动现场的光柱将这些鸟从迁徙的线路上吸引过来。这些鸟类被强光照射完全迷失了方向，直到灯光关闭，它们才得以逃脱。

光污染对海龟也造成了影响，在海龟的繁殖季节，科学家可以在海岸边观察到破壳而出的小海龟爬向大海，但不断发展的城市灯光正严重干扰着海龟的繁殖。小海龟破壳后，会诱使小海龟爬向人类生活的区域，有可能被来往的车辆压死，如果不能及时爬回到海中，小海龟很可能在未来几天内被炙热的阳光晒死、因缺水缺食饥渴而死或被其他天敌捕食。在灯光还没有变成"城市名片"之前，海上的星光是从海滩上望去最亮的东西，本能会告诉刚刚孵化的海龟幼崽朝着最亮的地方前进。而当城市灯光开启，最亮的地方就从大海变为了城市。数据显示，仅美国佛罗里达州每年因迷失方向而脱水和被捕猎者捕杀的海龟幼崽就有数十万只。夜蛙及蝾螈亦会受到光污染影响。因为它们是夜行动物，它们会在没有光照时活动，然而光害使他们的活动时间推迟，令其活动及交配的时间变短。

2017 年《自然》发表的一项研究中显示，夜晚的灯光也可能会影响植物和传粉者的活动。为模拟人工光污染，研究人员在瑞士的偏远地区安装了城市街道中的路灯。经观察后发现，在夜间有光的田野中，植物的传粉者比在黑暗草地上减少了 62%，如果白天的昆虫不能弥补夜间的损失，那么夜间照明的植物所产生的种子将会减少 13%，这将会是对部分地区生态环境造成毁灭性打击。光污染还会破坏植物体内的生物钟节律，有碍其生长，导致其茎或叶变色，甚至枯死。光污染对植物花芽的形成造成影响，并会影响植物休眠和冬芽的形成。植物和其他生物一样，日长夜息，具有明显的生长周期性，具体表现是植物按体内生物钟的节律活动。如果夜间室外灯光长时间照射植物，就会破坏植物体内生物钟的节律，有碍其正常生长，特别是种植在道路两侧的树木、绿篱或花草等植物。夜里长时间高辐射能量作用于植物，就会使植物的叶或茎变色，甚至枯死。

3.3.2　光生态保护措施

针对避免候鸟撞击建筑的主要建议是，高频闪烁的灯光能够有效地降低候鸟撞击建筑，在候鸟迁徙季节应关闭不必要的夜景照明。相关研究起源于现场观测，1989 年，Burkhardt D. 发现城市灯光群会导致候鸟迷失方向或被诱陷。此后，学者们展开了一系列实验室研究。Wolfgang Wiltschko 等人在不同波长的光照磁定向干扰测试中发现，鸟类磁场感知系统具有光谱依赖性。部分种群候鸟易受红色和白色光的误导，而蓝色和绿色光对其影响较小。

针对人工照明扰乱候鸟迁徙磁定向能力的研究仍在进行，目前可知不同种群的候鸟对主要敏感光波长有明显差异。因此，需针对性地评估受影响的候鸟种群，并根据评估结果采取相应措施，如调整夜景照明灯具的光谱，减少或避免使用候鸟敏感的光。

人工照明会影响鸟类生物节律，尤其是迁徙过程中的体力消耗。Davide Dominoni 等人发现，暴露于夜间光照的黑鸟生殖系统提早成熟一个月。光污染可通过诱杀昆虫，改变生物链结构。研究表明，人工照明的强度和光色是影响鸟类生物节律的重要因素，夜景照明需加强亮度控制，降低对周边生态环境的影响。

超高层建筑夜景照明对周边生物和人类影响较大，《超高层建筑夜景照明工程技术规程》编制组已对光对生态的影响进行了专题调研。超高层夜景照明生态评估需关注周边生物多样性、生物珍稀性和生物敏感性。项目周边有易受灯光影响的生物群时，需评估建筑灯光对生物群的影响，尤其在候鸟迁徙季节，需控制夜景照明的亮度、光色、动态效果和开关灯时间，以减小对候鸟的不良影响。

《超高层建筑夜景照明工程技术规程》规定，在候鸟迁徙季节，位于迁徙路线上的超高层建筑夜景照明持续开灯时长不应大于 4h；向天空及四周投射的静态强光束持续开灯时长不应

题。夜景照明的视觉亮度并非由建筑本身的绝对亮度决定，而是在很大程度上取决于其与周边环境的亮度对比。因此，要达到良好的照明效果，不能仅提高项目本身的亮度，还需调研周边环境亮度，确立合适的亮度层次与对比。

在进行照明设计时，除控制亮度外，还需合理设定照明范围。当前夜景照明普遍存在一个误区，即认为建筑夜景照明需照亮建筑的每个部位。实际上，建筑夜景并非越亮越好，否则将沦为建筑日景的再现。相较于日光，人工光源具有更强的可塑性、可控性及更丰富的色彩。在设计超高层建筑夜景照明时，应综合分析项目区位、交通、环境、展示目标等因素，确定主要观赏视角、距离及建筑重点展示元素与展示面。通过夜景照明展现建筑特色元素，塑造建筑夜景之美，同时避免大面积照明，以突出重点、强化建筑特色、减少能源消耗为目标。

在使用泛光照明时，需考虑建筑表面材质的反射属性。对于低反射比的材质，难以照亮，为达到设计亮度，需提高灯具功率，此为不节能的照明方式。在这种情况下，应限制使用泛光照明。因此，玻璃幕墙建筑及建筑立面材料反射比低于 0.2 的建筑，不建议采用泛光照明。鉴于超高层建筑多采用玻璃幕墙，其镜面反射属性使照射光线朝特定方向反射，玻璃表面无法被照亮，因此也不建议对玻璃表面采用泛光照明。此外，窗墙比大于 0.6 的建筑也不宜采用泛光照明，以考虑节能因素。

内透照明为常用手法，在达到相同亮度效果时，透光率较低的内透材料需使用更高功率的灯具。当透光材料的可见光透射比低于 0.5 时，内透照明能耗较高，不宜采用。在直视照明中，建筑高区与低区的视距存在较大差异。对于建筑高度大于 250m 的超高层建筑，采用成像直视照明时，高区宜根据安装高度增大像素点间距。这样既可降低高区布灯密度，又能保证节能效果。

3.5.2　选用节能设备

超高层建筑夜景照明中灯具是主要耗能设备，供电系统线路也会消耗部分电能，超高层建筑夜景照明节能要从降低这两部分的能耗入手。除此之外，减少灯具及供电线缆等设备的使用等也能够为减碳做出贡献。

灯具作为夜景照明系统中主要的耗能设备，对其耗能量的控制是超高层建筑夜景照明工程节能减碳的重要手段。控制灯具能耗主要从以下几方面入手：一是使用发光效率高的灯具；二是使用长寿命灯具；三是提高灯具的功率因数。《超高层建筑夜景照明工程技术规程》对白光 LED 投光灯具、直视照明用白光 LED 灯具、多通道 LED 投光灯具及多通道 LED 直视照明灯具的能效最低值都做了要求。希望通过本规程，能够促进超高层夜景照明灯具的能效水平的提升，以达到节能目的。该规程也规定 LED 灯具的寿命不应小于 25 000h，LED 灯具正常工作一年的灯具损坏率不应大于 0.5%。要求使用长寿命灯具，降低灯具的维修量，最终实现减碳。灯具在额定功率条件下的功率因数不应低于 0.9，通过对灯具功率因数的具体要求，避免使用低功率因数灯具，减少了内部线路中总电流和供电系统中的电气元件，如变压器、电气设备、导线等的容量，因此，不但减少了投资费用，也降低了供电系统电能的损耗。

对于超高层建筑夜景照明节能需要减少线损，线损是指电流在传输线阻抗中的损耗。在供配电系统中，导线是电力传输的载体。选择合适的导体是非常重要的，它关系到供电系统的安全经济运行，而导线会产生输电损耗。在设计和实施过程中，选择合理的导体形式和截面，以降低传输线的阻抗。可以缩短传输电线的实际距离，让电源点更接近于照明负荷中心。尽可能地让输电线路走直线，避免迂回现象的出现，减少输电线路的长度。提高输电系统的功率因数，降低输电系统的电流，从而降低线损。

3.5.3 施工节能

超高层建筑夜景照明工程体量大，灯具数量多，施工难度大，施工节能潜力也大。施工单位要认真履行国家对于建筑节能的政策、法律、文件，结合现场的施工条件和各期间的工况，依照经过施工图设计文件审查的图纸施工、有关设计和施工规范要求确立总的节能举措。熟读图纸，认识每个分项工程的技术要点和难点，针对在分项工程中所用到的施工机械，进行合理的配置。合理安排施工进度和施工工序，最大限度地发挥施工效率，做到一次合格。减少施工过程中的返工现象，减少返工引起的物料及能源消耗。

施工单位在编制施工组织计划时，要同步编制节能技术措施。主要是根据招标文件、施工招标设计图纸，结合本工程施工组织设计和现场实际条件，并在充分理解的基础上进行编制。编制时要对主要技术方案、施工安全要求、施工质量要求、施工计划进度、施工现场平面布置等因素充分考虑，体现出节能、节地、节材、节水和环境保护等方面的具体措施，突出措施的可行性和科学性。项目经理为施工节能的负责人，组织管理施工经理、技术员、安全员、材料员、质量员、施工员等全体施工人员，依据施工节能计划，贯彻落实节能措施，保证施工节能效果。要对所有施工人员进行节能降耗基本知识培训，增强节能意识，在施工过程中严格执行节能措施。对施工节能进行分级责任划分，并在实施过程中加强检查和督促。

制定合理的施工节能指标，优先使用符合标准的节能、高效的施工设备和工具。科学安排施工工序进度，合理地设置作业面，相邻作业面充分共用设备机具资源，以减少作业区域的设备机具数量和使用时间。制定施工工艺和流程时，优先使用耗用能源较少的工艺，合理安排施工流程，提高施工效率。避免设备额定功率远大于使用功率或超负荷使用设备的现象。

根据图纸结合现场实际情况，准确确定材料使用量。依据施工进度计划合理地安排材料的采购、进场时间和批次，尽量减少库存。设置适宜材料的保管环境，建立健全、责任明确的保管制度。根据现场的情况，材料就近堆放，避免和减少材料的二次搬运。对材料的领用、使用、消耗和归还进行准确记录，并进行现场核对，发现浪费材料的现象要及时进行整改。

对施工工艺进行优化创新，采用能够提高施工效率的方法。超高层建筑采用单元式幕墙的比较多，夜景照明施工过程中需要和幕墙的施工进行协调配合，通常的做法是在幕墙完成后，再安装灯具。这种先完成幕墙再安装灯具的做法，使灯具的安装、调试受到限制，安装效率低。可采用对超高层建筑夜景照明系统依据幕墙单元进行分割，对管线、灯具以幕墙单元为单位进行设计，形成幕墙灯具安装一体化的设计方案。在幕墙工厂内完成幕墙制作的同时，以幕墙单元为单位进行管线的穿敷和灯具安装调试，最后灯具随幕墙单元一起上墙。这样可以极大地提高施工效率，也保证了施工质量。

3.5.4 运维节能

超高层建筑夜景照明管理部门或运维部门人员需要接受照明设备和系统的运行和维护培训，掌握对系统的操作、维护、检修技能。建立巡检和维护制度，及时维修损坏的灯具设备。在不同的时间应设置相应的开灯模式，在重大节假日、平日、深夜等模式下逐渐减少开灯的区域和数量，以达到节能的目的。

3.6 节能评价指标

超高层建筑夜景照明工程的每个阶段都要体现节能理念并采取节能措施，其节能评价主要从以下几个方面进行。

1. 评价照明方案是否突出重点，有主次分层次进行照明，是否有过多不必要的灯光

超高层建筑的夜景照明应避免多多益善、多而全，需要把灯光用在能体现建筑特色和夜景之美的位置。对次要展示面和次要建筑元素，要少用灯光，慎用灯光，营造亮暗结合的建筑夜景之美。

2. 评价是否采用节能的照明方式

夜景照明常用的照明方式有泛光照明、直视照明、内透照明、功能照明等多种方式。应根据不同被照对象选择最节能的照明方式。例如，为了节能，被照对象的表面反射比低于 0.2 的玻璃幕墙建筑不宜选择整体泛光照明。透光材料的可见光透射比低于 0.5 时，不宜选择内透照明。采用媒体立面照明方式时，合理地设置像素点的间距，避免间距过小，造成用灯量大和能源上的浪费。又如商业建筑连廊、开放空间等位置的夜景照明可用功能光照明方式兼顾。

3. 评价照明设计的照度或亮度值是否符合标准

超高层建筑的夜景照明的照度和亮度指标严格依据国家标准制定，根据《城市夜景照明设计规范》（JGJ 163）的规定，建筑立面夜景照明的功率密度（UPD）值不超过表 3-6 的规定。

表 3-6　　　　　　　建筑立面夜景照明的照明功率密度值（LPD）

建筑物饰面材料			E2 区		E3 区		E4 区	
名称	反射比 ρ	城市规模	对应照度 /lx	功率密度 /(W/m²)	对应照度 /lx	功率密度 /(W/m²)	对应照度 /lx	功率密度 /(W/m²)
白色外墙涂料，乳白色外墙釉面砖，浅冷、暖色外墙涂料，白色大理石	0.6～0.8	大	30	1.3	50	2.2	150	6.7
		中	20	0.9	30	1.3	100	4.5
		小	15	0.7	20	0.9	75	3.3

续表

建筑物饰面材料		城市规模	E2 区		E3 区		E4 区	
名称	反射比 ρ		对应照度 /lx	功率密度 /(W/m²)	对应照度 /lx	功率密度 /(W/m²)	对应照度 /lx	功率密度 /(W/m²)
银色或灰绿色铝塑板、浅色大理石、浅色瓷砖、灰色或土黄色釉面砖、中等浅色涂料、中等色铝塑板等	0.3～0.6	大	50	2.2	75	3.3	200	8.9
		中	30	1.3	50	2.2	150	6.7
		小	20	0.9	30	1.3	100	4.5
深色天然花岗石、大理石、瓷砖、混凝土，褐色、暗红色釉面砖、人造花岗石、普通砖等	0.2～0.3	大	75	3.3	150	6.7	300	13.3
		中	50	2.2	100	4.5	250	11.2
		小	30	1.3	75	3.3	200	8.9

4. 评价照明设备是否节能

选用节能的照明灯具是降低超高层建筑夜景照明能耗的核心，根据目前的灯具发展情况，应选用高效、长寿命的 LED 灯具。在灯具选型时，应尽量选择小功率 LED 灯具，但同时也应该对灯具数量加以控制。除特殊需要外，避免采用传统光源灯具。

LED 照明灯具的配套驱动电源也应该选择高效节能型的产品，驱动电源的负载应配置在高效区间。

5. 评价照明控制模式是否体现节能

超高建筑夜景照明应设置深夜、平日、节假日及重大节假日等开灯模式，开灯量由少逐渐增多。在深夜仅开 Logo 灯少部分灯光，在重大节假日开启全部灯光。

6. 施工安装阶段节能评价

合理地进行施工组织计划，在施工过程制定可行的节水、节电、节材及节约能源措施。采用三相供电时，要合理分配负载，使三相平衡。配电箱在设置及选择线路截面积时，还应考虑线路长度对电压损失的影响，选择合理的供电点，供电半径以不超过 200m 为宜。

7. 运维阶段节能评价

按照深夜、平日、节假日及重大节假日灯开灯模式进行运行管理，严格控制开灯时间，维护保养要及时。

第4章 灯具及其附属配件

4.1 灯具性能

超高层建筑室外照明灯具基本要求包括灯具认证检测、耐候性要求、寿命要求、自洁性能要求，随着城市化进程的加快，室外照明灯具在美化城市环境、提高道路通行安全等方面发挥着越来越重要的作用。然而，与此同时，室外照明灯具的安全隐患也日益凸显，给人们的生活带来诸多不便，甚至威胁到人们的生命安全。这种隐患放在维护成本高、救援难度大的超高层建筑上，其破坏力更会被放大。部分室外照明灯具由于生产工艺不合格、原材料低劣等原因，可能会导致产品寿命缩短、性能不稳定，甚至引发火灾等安全事故，而这种隐患无法从外观和日常使用时被轻易发现，因此，完善的灯具审核认证机制就成为关键。为确保超高层建筑室外照明灯具的性能稳定、安全可靠，应选用经过国家认证、质量合格的产品，确保灯具的安全性能。本章将对室外照明灯具的基本要求进行阐述。目前国内外都设立了相关认证标准，包括 3C 认证、GB 7000 系列灯具国家标准等，以确保产品和设备的质量一致性和安全可靠。

超高层建筑夜景照明灯具、附件及控制设备应通过具有国家资质认定的第三方检验机构的检测认证，对属于国家强制性目录的产品和设备应提供 CCC 认证证书和对应的型式试验报告，以确保产品和设备的质量一致性和安全可靠。灯具还应具有光学检测报告，包含光通量、色温、显色性、色容差、配光曲线（提供配光电子文件供照度模拟软件使用）、功率等参数，彩色光灯具还需要包含光谱参数。

1. 3C 认证

2001 年 12 月，国家市场监督管理总局发布了《强制性产品认证管理规定》，以强制性产品认证制度替代原来的进口商品安全质量许可制度和电工产品安全认证制度。中国强制性产品认证简称 CCC 认证或 3C 认证。它是一种法定的强制性安全认证制度，也是国际上广泛采用的保护消费者权益、维护消费者人身财产安全的基本做法。CCC 的组成和含义：英文单词 China（中国）、Compulsory（强制性）和 Certification（认证），合起来就是："中国强制性认证"的意思。需要注意的是，3C 标志并不是质量标志，而只是一种基础的安全认证。

当前的 CCC 认证标志分为四类，如图 4-1 所示。

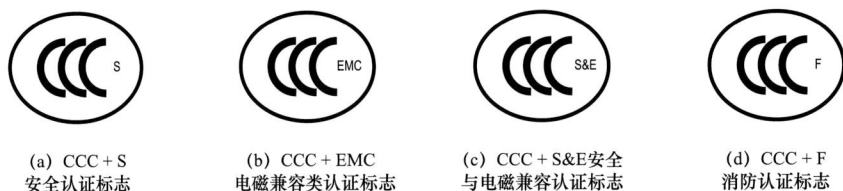

| (a) CCC + S
安全认证标志 | (b) CCC + EMC
电磁兼容类认证标志 | (c) CCC + S&E安全
与电磁兼容认证标志 | (d) CCC + F
消防认证标志 |

图 4-1 CCC 认证标志

只要在 3C 认证目录范围内的灯具产品都需要做 3C 认证，而且 3C 认证作为我国的强制性认证，是必须做的，否则就属于违法行为，各地质量技术监督局有权查扣罚款。

需要做 3C 认证的灯具是电源电压大于 36V 且不超过 1000V 的灯具，例如：

- 固定式通用灯具；
- 嵌入式灯具；
- 可移式通用灯具；
- 水族箱灯具；
- 电源插座安装的夜灯；
- 地面嵌入式灯具；
- 儿童用可移式灯具；
- 管形荧光灯镇流器；
- 管形荧光灯用交流电子镇流器；
- 放电灯（管形荧光灯除外）用镇流器；
- 放电灯（荧光灯除外）用直流或交流电子镇流器；
- LED 模块用直流或交流电子控制装置。

我国针对灯具产品的国家标准是 GB 7000 系列标准，对应于 IEC 60598 系列，国内灯具需满足 GB 7000 系列标准的要求。GB 7000 系列灯具国家标准共有 23 个部分：

《灯具　第 1 部分：一般要求与试验》（GB 7000.1—2015）；

《灯具　第 2−1 部分：特殊要求　固定式通用灯具》（GB 7000.201—2008）；

《灯具　第 2−2 部分：特殊要求　嵌入式灯具》（GB 7000.202—2008）；

《灯具　第 2−3 部分：特殊要求　道路与街路照明灯具》（GB 7000.203—2013）；

《灯具　第 2−4 部分：特殊要求　可移式通用灯具》（GB 7000.204—2008）；

《投光灯具安全要求》（GB 7000.7—2005）；

《灯具　第 2−6 部分：特殊要求　带内装式钨丝灯变压器或转换器的灯具》（GB 7000.6—2008）；

《灯具　第 2−7 部分：特殊要求　庭院用可移式灯具》（GB 7000.207—2008）；

《灯具　第 2−8 部分：特殊要求　手提灯》（GB 7000.208—2008）；

《照相和电影用灯具（非专业用）安全要求》（GB 7000.19—2005）；

《灯具　第 2−10 部分：特殊要求　儿童用可移式灯具》（GB 7000.4—2007）；

《灯具　第 2−11 部分：特殊要求　水族箱灯具》（GB 7000.211—2008）；

《灯具　第 2−12 部分：特殊要求　电源插座安装的夜灯》（GB 7000.212—2008）；

《灯具　第 2−13 部分：特殊要求　地面嵌入式灯具》（GB 7000.213—2008）；

《灯具　第 2−14 部分：特殊要求　使用冷阴极管形放电灯（霓虹灯）和类似设备的灯具》（GB 7000.214—2015）；

《灯具　第 2−17 部分：特殊要求　舞台灯光、电视、电影及摄影场所（室内外）用灯具》（GB 7000.217—2008）；

《灯具　第 2−18 部分：特殊要求　游泳池和类似场所用灯具》（GB 7000.218—2008）；

《灯具　第 2−19 部分：特殊要求　通风式灯具》（GB 7000.219—2008）；

《灯具 第 2−20 部分：特殊要求 灯串》（GB 7000.9—2008）；

《灯具 第 2−22 部分：特殊要求 应急照明灯具》（GB 7000.222—2023）；

《钨丝灯用特低电压照明系统安全要求》（GB 7000.18—2003）；

《限制表面温度灯具安全要求》（GB 7000.17—2003）；

《灯具 第 2−25 部分：特殊要求 医院和康复大楼诊所用灯具》（GB 7000.225—2008）。

2. 灯具耐候性要求

灯具耐候性要求主要体现在耐环境温湿度和耐腐蚀性两方面的要求，一般灯具应能在−40℃～+50℃环境温度内正常工作。特殊环境使用的灯具，还要满足使用环境的要求。

我国北方大部分地区在冬天的环境温度通常可以达到−25℃～−30℃，极端环境温度甚至可能达到−35℃～−40℃；灯具是一种由各种电子元件和结构部件组成的照明产品，在选择灯具元器件时需要考虑低温因素。低温对开关管会产生不利影响，在低温环境下，开关管下载流子的密度和活性会降低，过载保护的起点也会降低。低温也会对电解电容产生不利影响，电解电容电解液在低温环境下容易冻结（电解液的制造工艺不同，耐低温能力差异很大），容值降低，电容效应丧失，无承载能力，导致 LED 驱动启动异常。

我国南方大部分地区在夏天不仅温度较高，同时还伴随较高的湿度，极端高温可以达到40℃。LED 灯具主要包含灯壳、芯片、透镜、驱动器等组成。当 LED 灯具工作时，热量集中在 LED 芯片内，随着芯片温度升高，引起热应力的非均匀分布、芯片发光效率和荧光粉激射效率下降；当温度超过一定值时，LED 器件的失效率将呈指数规律上升。当 LED 灯具的工作温度超过芯片的承载温度时，其发光效率会迅速降低，造成明显的光衰减。LED 灯具结温是指芯片 PN 结的温度，结温越高越早出现光衰，寿命越短。假如 LED 灯具结温为 105℃，亮度降至 70% 的寿命只有 1 万多小时，结温为 95℃，寿命就有 2 万 h；而结温降低到 75℃，寿命就有 5 万 h；如果结温降到 65℃ 时，寿命可以延长至 9 万 h。因此，延长寿命的关键就是要降低结温。LED 灯具多以透明环氧树脂封装，若结温超过固相转变温度（通常为 125℃），封装材料会向橡胶状转变并且热膨胀系数骤升，高温时透明环氧树脂会变性、发黄，影响其透光性能，工作温度越高，这种过程将进行得越快，这是 LED 灯具光衰的又一个主要原因。荧光粉的光衰减也是影响 LED 光衰减的主要原因，因为荧光粉在高温下的衰减非常严重。高温是造成 LED 灯具光衰、缩短 LED 灯具寿命的主要根源。LED 灯具工作是否稳定，品质好坏，与灯体本身散热密切相关。

灯具需要通过高低温测试，高低温测试又叫作高低温循环测试，是产品环境可靠性测试中的一项。高温工作试验：设置恒温恒湿试验箱温度为 40℃（室内）/50℃（室外），等试验箱内温度稳定后，放进试验样品，并持续 168h，试验结束后，恢复 2h。试验后，样品无损坏，各项参数测试符合要求。低温工作试验：设置恒温恒湿试验箱温度为−20℃（室内）/−40℃（室外），等试验箱内温度稳定后，放进试验样品，试验箱稳定 2h 后，样品进行 300 次 1min 开，19min 关的循环，试验结束后，恢复 2h。试验后，样品无损坏，各项参数测试符合要求。高温储存试验：调节恒温恒湿试验箱的温度为厂家声称的最高存储温度，试验箱的湿度不应超过 50%，把样品放进试验箱中，持续 72h，试验结束后，恢复 2h。试验后，样品无明显的损坏，各项参数测试符合要求。低温储存试验：设置恒温恒湿试验箱温度为−10℃，将样品放进试验箱中，持续 72h，试验结束后，恢复 2h。试验后，样品无损坏，各项参数测试符合要求。温度循环试验：设置恒温恒湿试验箱温度为高温 40℃，低温 −10℃（如果厂商有规定温度，按照厂商的温度来设置），温度循环的次数为 250 次，试验结束后产品各项参数性能符合相关要求。

防腐等级根据户内外分为五个等级：户内防中等腐蚀型 F1；户内防强腐蚀型 F2；户外防轻腐蚀型 W；户外防中等腐蚀型 WF1；户外防强腐蚀型 WF2。灯具的外壳使用了铁质、铝或铝合金及其他金属部件时，在整个大气环境共同作用下，外壳在锈蚀或腐蚀后，就会使灯具变得不安全，可能降低灯具本身的防护等级，降低了防触电保护能力，即降低了灯具的机械性能和电气性能，因此灯具应具有足够的耐腐蚀能力，尤其是在海边超高层建筑上使用时要采用更高等级的耐腐蚀材料和工艺。所以选用灯具时要结合当地的气候特点；在极寒、极热地区应对灯具的耐温性提出针对性要求；在沿海地区应对灯具材质的耐腐蚀性提出针对性要求。

3. 灯具寿命要求

LED 灯具有效寿命是指光源开始点燃到灯的光通量衰减到额定光通量的某一百分比时（一般规定在 70%～80% 之间）所经历的小时数。LED 灯具的寿命与 LED 芯片本身寿命、LED 驱动器以及灯具使用环境等诸多因素有关，任何一个光学元件或电子元件的损坏都可能导致 LED 灯具寿命的终结。LED 芯片是 LED 灯具的核心部件，它的寿命很大程度上决定着 LED 灯具的寿命。影响 LED 芯片寿命的因素主要有三个，即芯片的晶格缺陷、封装及荧光粉质量。构成 LED 芯片的材料是晶体，如果晶格排列有缺陷或掺杂的杂质混入其他杂质，都会影响芯片的寿命。LED 芯片封装的材料和工艺如果质量差，也会影响芯片寿命。LED 白光是由 LED 蓝光或紫外芯片激发荧光粉产生的，如果荧光粉的质量差，就会影响 LED 芯片寿命。LED 光源的 PN 结对温度非常敏感，温度越高 LED 芯片光衰越快，进而 LED 光源寿命也越短。LED 灯具散热对寿命影响很大，同样的 LED 芯片，放在不同的灯具中，寿命会相差几倍甚至十几倍，主要原因就是灯具的散热不同进而使芯片结温差异很大造成的。LED 灯具的驱动电源也是影响灯具寿命的关键，很多时候是 LED 芯片正常而 LED 驱动电源失效导致灯具寿命终结。因为 LED 是电流驱动器件，若电源电流波动较大，或者电源尖脉冲出现频率较高，都会影响 LED 光源的寿命。电源本身的寿命主要取决于电源设计是否合理。在驱动电源设计合理的前提下，电源的寿命就取决于元器件的寿命。

超高层夜景照明推荐使用 LED 灯具，LED 灯具的寿命不应小于 25 000h，LED 灯具正常工作一年的灯具损坏率不应大于 0.5%。这里的寿命时间 25 000h 是指灯具在燃点过程中未出现早期失效，光通量维持率衰减到初始光通量 70% 时的累积燃点时间。按照国内现有建筑照明景观亮化工程的亮灯时间，一般开灯时间为冬天 17:00～22:00，夏天 18:00～23:00（节假日和灯具维护时间除外），按照平均每天 6h 亮灯时间计算，一年 365 天，25 000h 至少可以保证 10 年的寿命。当然，可以针对不同项目对灯具产品的寿命预期不同，对 LED 灯具可以提出更高的寿命要求。

4. 灯具自清洁性能要求

在户外灯具会受到灰尘、雨、雪、冰的影响，如果长期聚集在灯具上，轻则影响灯具正常工作，重则会导致灯具损坏。所以在灯具设计时，需要采取相应的措施使灯具表面具有良好的自洁性。户外灯具结构需要根据使用状态，具有不易积灰、积雪、积水的设计，避免积灰、积雪、积水对灯具正常工作的影响，也可以减少灯具的维护频率。例如，灯具表面具有圆滑、平整的形状特征，可以避免灰尘、雪和冰的聚集，在灯具上开泄水孔或槽，避免雨水的聚集。针对投光灯，灯具玻璃与灯体间的齐平度，拼接缝的大小以及散热鳍片的设计都会影响到灯具的抗积灰、积雪和积水等性能。超高层夜景照明灯具应选用自洁性能高的灯具，可以避免雨、雪及冰等影响灯具的正常使用，也减轻了灯具维护工作。

5. 灯具光通量

光通量是指辐射功率受人眼视觉功能影响后用来表示光谱辐射功率的物理量，它等于某一波段的辐射能量与该波段在单位时间内的相对可见度的乘积。根据国际单位制，光通量的符号是Φ，单位是流明（lm）。LED 灯具光由 LED 芯片产生，通过透镜、灯具反射结构等而出射到灯具外。灯具光通量是指灯具发出的光通量，而不是 LED 芯片发出的光通量。因为 LED 芯片及制造工艺无法做到绝对一致，所以同型号同功率的灯具光通量没有办法做到绝对一致。同型号规格 LED 灯具的光通量是一个范围，为了保证照明效果，对这个范围需要有个限制。

LED 灯具初始光通量不应低于额定光通量的 90%，且不应高于额定光通量的 120%，这保证了实际照明效果和设计效果的一致性。如果灯具初始光通量过高会造成实际照明亮度比设计值过高，如果灯具初始光通量过低会造成实际照明亮度低于设计值，所以灯具初始光通量变化必须满足限值要求。在额定电压下，初始光通量和额定值偏差不能过高和过低，否则都会影响照明效果。但实际工程中，灯具的输入电压和额定电压都有偏差，需要 LED 灯具输入电压在一定的变化范围内，能够满足照明效果稳定的要求。LED 灯具在额定输入电压±10%范围内工作时，光输出变化应在 5%以内，以确保灯具亮度在电压差异下照明效果没有明显的不同。

6. 灯具配光

选择灯具时，需要了解灯具的照明效果，要了解灯具的发出光在空间内的分布情况。我们用灯具配光曲线表示一个灯具或光源发射出的光在空间中的分布情况，包含了光的方向和强度信息。通过仪器测量，可以把灯具在空间各个方向的发光强度在三维空间里用矢量表示出来，把矢量的终点连接起来，构成了灯具发光的三维空间分布。用二维曲线图来表示光在三维空间的分布，这就是常用的配光曲线。灯具配光曲线场景的有两种表示方法：极坐标表示法和直角坐标表示法。

（1）极坐标表示法。以极坐标的原点表示灯具的光中心，以一定方向的矢量表示光强的大小，以极坐标的角度表示光强矢量与光轴之间的夹角。把三维空间以一定的角度间隔，分为一系列测光平面。在通过光源中心的每个测光平面上，测出灯具在不同角度的光强值。从某一方向起，以角度为函数，将各角度的光强用矢量标注出来，连接矢量顶端的连接就是照明灯具在这个测光平面上的极坐标配光曲线。综上所述，如果要表达灯具在三维空间光强的分布，需要通过一系列测光平面上的极坐标配光曲线来表现。如果灯具是有旋转对称轴，则只需用通过轴线的一个测光面上的灯具配光曲线就能表示其光强在空间的分布。极坐标表示法的优点是比较形象直观，容易理解。

取同灯具长轴相垂直的通过灯具中心下垂线的平面为 C0-C180 平面，与 C0 平面垂直且通过灯具中心的下垂线的平面为 C90-C270 平面。至少要用 C0-C180、C90-C270 两个平面的光强分布说明非对称灯具的空间配光。为了便于对各种照明灯具的光分布特性进行比较，统一规定以光通量为 1000lm 的假想光源来提供光强分布数据。如图 4-2 所示，图中弧线根据距圆心的远近表示光强，灯具中心下垂线方向表示为 0°，其他角度表示和下垂线的夹角。红色曲线表示 C0-C180 测光平面中的灯具光强分布，蓝色曲线表示 C90-C270 测光平面中的灯具光强分布，C0-C180 和 C90-C270 是两个互相垂直的平面，一般通过这两个测光平面中灯具的光强分布来表示灯具在三维空间的光强分布。当然如果有需要可以用更多的测光平面来表示灯具光强的三维空间分布。在图 4-2（b）中，由于灯具配光是沿灯具轴心旋转对称的，所有测光平面上的配光曲线完全一致，C0-C180 和 C90-C270 两个测光平面的配光曲线完全重合。

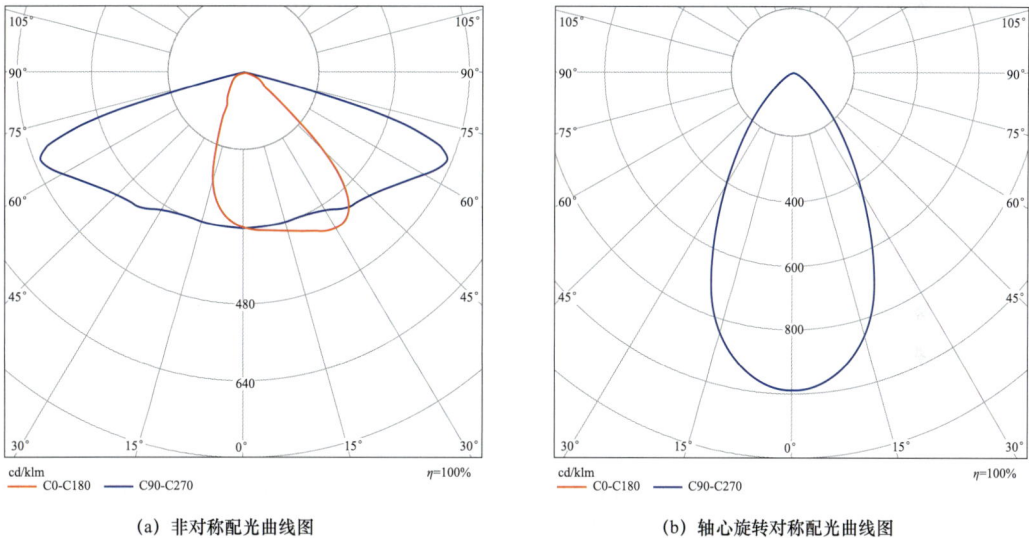

(a) 非对称配光曲线图　　　　　　　　(b) 轴心旋转对称配光曲线图

图 4-2　配光曲线示例

（2）直角坐标表示法。对于聚光型灯具，由于光束集中在十分狭小的空间立体角内，很难用极坐标来表达其光强的空间分布状况，就采用直角坐标配光曲线表示法。以竖轴表示光强，以横轴表示光束的投角，如果是具有对称旋转轴的灯具，则只需一条配光曲线来表示；如果是不对称灯具，则需多条配光曲线表示。如图 4-3 所示的配光曲线图是上面灯具配光的直角坐标法的表示，它们的基本元素都一样。首先是有两条曲线，一条红线是 C0-C180 测光平面，另一条蓝线则是 C90-C270 测光平面。横向的角度值表示剖面上的垂直角度，0° 为灯具发光面中心，纵向数值表示光强值。同样要注意的是以光通量为 1000lm 的假想光源来提供光强分布数据。

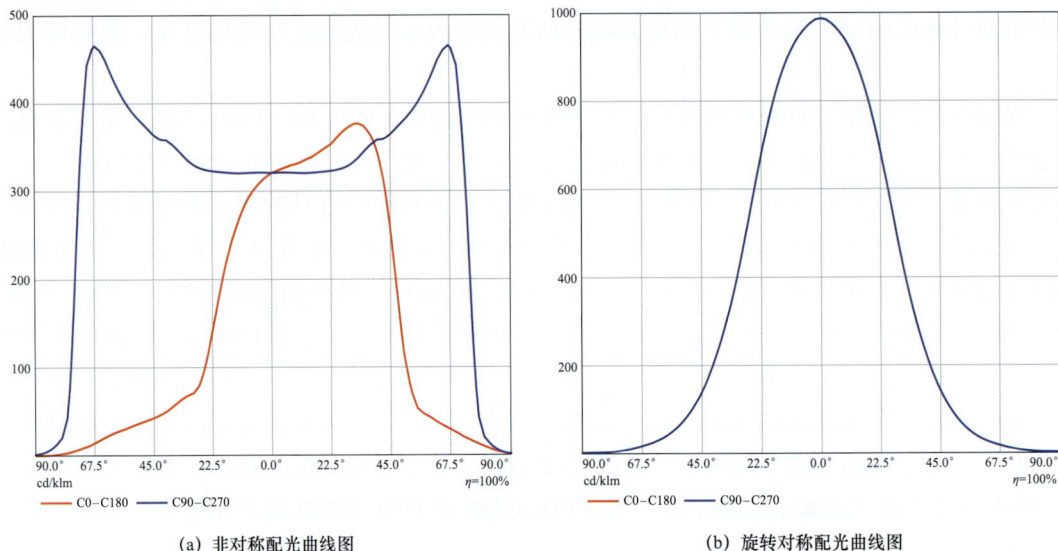

(a) 非对称配光曲线图　　　　　　　　　(b) 旋转对称配光曲线图

图 4-3　配光曲线示例

配光曲线按照其对称性质通常可分为旋转对称、对称和非对称配光。

旋转对称配光：又称为轴对称配光，指各个方向上的配光曲线都是基本对称的，一般的筒灯、工矿灯都是这样的配光。

对称配光：当灯具 C0°和 C180°剖面配光对称，同时 C90°和 C270°剖面配光对称时，这样的配光曲线称为对称配光，常见的洗墙灯、投光灯一般是对称配光。

非对称配光：就是指 C0°～180°和 C90°～270°任意一个剖面配光不对称的情况，路灯一般是不对称配光。

7. IES 配光文件

灯具配光曲线对设计师了解灯具照明效果非常关键，也是进行灯光照明效果软件模拟的基础。因此超高层夜景照明选用灯具应进行配光检测，并提供灯具配光测试文件。灯具配光文件的电子格式有多种，比较常用的是 IES 格式的配光文件，它的扩展名为 ".ies"。IES 文件是由北美照明协会（Illuminating Engineering Society of North America）定制施行的，现为许多地区默认的存储光源、灯具空间光强分布的一种文件格式。照明模拟软件 DIALux、Relux、AGI32 等都支持这种配光格式的灯具照明效果模拟。

8. 灯具光束角

灯具的光强在空间分布往往是不均匀的，而是集中在某个角度范围内，我们用光束角来描述灯具光强的集中度。灯具光束角是指在给定的平面上，以极坐标表示的光强曲线的两矢径间所夹的角度。该矢径的光强值通常等于 10% 或 50% 的光强最大值。在实际应用中，CIE（国际照明委员会）建议光束角为 50% 最大光强矢径夹角；而 IES（北美照明工程协会）建议光束角为 10% 最大光强矢径夹角。由于我国标准参考的是 CIE（国际照明委员会）的标准，通常我们国内灯具的光束角是 50% 最大光强矢径夹角。但由于国内也有北美品牌灯具在销售，他们的灯具光束角是用 10% 最大光强矢径夹角定义的，经常会出现不同厂家光束角定义不一致的情况。目前新国标标准，已经开始把光束角定义依据标注出来，避免混淆。根据光束角的定义，光束角越小，灯具发光越集中，光束角越大，灯具发光越分散。

根据灯具光束角的大小，可把灯具分为窄光束灯具、中光束灯具及宽光束灯具。窄光束灯具一般指光束角小于 20°的灯具，窄光束灯具中间光强高，光线集中，光斑范围相对较小，一般适用于做重点照明；宽光束灯具一般指光束角大于 40°的灯具，由于光线比较分散，适合于提供大面积或均匀照明；中光束灯具一般指光束角在 20°～40°之间的灯具，照明效果介于窄光束灯具和宽光束灯具之间。灯具光束角需要根据照明效果、照射距离及照明亮度等因素确定。照亮小区域，起到重点突出效果的宜选择小光束角灯具。希望具有均匀照亮较大区域的效果，宜选择大光束角灯具。

9. LED 灯具调光

LED 调光主要有 PWM 脉宽调制调光、切相调光和 DC 调光三种方式。

（1）PWM 脉宽调制调光。就是使用开关电路以相对于人眼识别力来说足够高的频率工作来改变光输出的平均值。这是一种利用简单的数字脉冲，反复开关白光 LED 驱动器的调光技术。

不同于传统白炽灯等类似线性阻抗光源，LED 灯是一个可以实现快速开关的二极管，其开关速度基本上在μs 以上，这是其他传统光源的发光器件根本无法比拟的。因此，如果把驱动电源改成脉冲恒流源，应用者的系统只需要提供宽、窄不同的数字式脉冲，即可简单地实现改变输出电流，快速开关，从而调节白光 LED 的亮度。PWM 调光的优点在于能够提供高质量的白光，并且应用简单，效率高，颜色一致性好，亮度级别高。在整个调光范围内，由于 LED 电流要么处于最大值，要么被关断，通过调节脉冲占空比来改变 LED 的平均电流，所以该方案能避免在电流变化过程中出现色偏。PWM 调光能提供更大的调光范围和更好的线性度，低频调光时的占空比调节范围最高可达 1%～100%。PWM 调光也有其劣势，主要反映在：PWM 调光很容易使得白光 LED 的驱动电路产生人耳听得见的噪声。当驱动器进行 PWM 调光时，如果 PWM 信号的频率正好落在 200Hz～20kHz 之间，白光 LED 驱动器周围的电感和输出电容就会产生人耳听得见的噪声。为了避免 PWM 调光时产生的噪声，白光 LED 驱动器应该能够提供超出人耳可听见范围的调光频率。

（2）切相调光。较早之前就应用于白炽灯和节能灯调光方式，也是目前应用于 LED 调光最为广泛的一种调光方式。切相调光分为前沿切相调光和后沿切相调光两种方式。前沿切相调光采用晶闸管控制调光。晶闸管调光是一种物理性质的调光，从交流相位 0 开始，输入电压斩波，直到晶闸管导通时，才有电压输入。其工作原理是将输入电压的波形通过导通角切波之后，产生一个切向的输出电压波形。后沿切相调光采用场效应晶体管或绝缘栅双极型晶体管设备制成。后沿切相调光器一般使用 MOSFET 作为开关器件，也称为 MOSFET 调光器，俗称"MOS 管"。MOSFET 调光器是全控开关，既可以控制开，也可以控制关，故不存在晶闸管调光器不能完全关断的现象。

应用切相的原理，可减少输出电压的有效值，以此来降低普通负载（电阻负载）的功率。前沿切相调光具有调节精度高、效率高、体积小、重量轻、容易远距离操作等优点。但前切相调光器容易产生较大噪声，在要求高的场合不推荐使用这种调光方式。与前沿切相调光器相比，后沿切相调光器应用在 LED 照明设备上，由于没有最低负荷要求，从而可以在单个照明设备或非常小的负荷上实现更好的性能，但是，由于 MOS 管极少应用于调光系统，一般只做成旋钮式的单灯调光开关，这种小功率的后切相调光器不适用于工程领域。后沿切相成本偏高、调光电路相对复杂、不容易做稳定等特点。

（3）DC 调光。它是采用恒流芯片通过调节流过 LED 的直流电流实现调光，光线稳定，不会产生闪烁。DC 调光本身是一个非常直接的方法，不过缺点也非常明显。由于三原色的波长各不相同，因此在极端低亮度状态下，DC 调光会导致难以避免的偏色情况。

为了满足夜景照明效果，夜景照明用调光 LED 灯具调光输出特性应符合下列规定：宜采用标准 DMX 512 协议；调光范围应为 0～100%；其他非功能照明 LED 灯具应采用亮度 γ 修正系数。

调光 LED 灯具建议采用标准 DMX 512-A 协议，以便控制系统集成不同品牌灯具；调光范围需要做到 0%～100%，以便达到更好控制效果；其他非功能照明 LED 灯具需要采用亮度 γ 修正系数，通过 γ 修正，使人眼感知的亮度平滑。

γ 修正（亦称 Gamma 修正）的原理是解决关于亮度显示的两个问题：问题一是与显示设备有关，即有一些显示设备的输出特性并非线性，最典型的是传统的 CRT 显示器，其特征输出曲线非常接近指数为 2.5 的幂级数曲线；问题二是人眼对于亮度感知本身的非线性，其曲线非常接近指数为 1.1～1.2 的幂级数曲线。为了能够同时解决以上两类问题，运用目标 γ 修正系数等于输出 γ 修正系数乘以显示 γ 修正系数的公式，为了使目标 γ 修正系数位于 1.1～1.2 的区间，通常情况下大部分视频输出的协议都会采用一个 1/2.2 左右的输出 γ 修正，以使 1/2.2（输出）乘以 2.5（显示）落在 1.1～1.2 之间。

理解了 γ 修正之后，就可以理解为什么 LED 灯具同样需要 γ 修正。LED 灯具由于普遍采用 PWM 的方式驱动，完全可以得到一个非常理想的线性输出曲线（即 γ 修正为 1），但是由于大部分的视频输出格式普遍采用了 γ 修正系数（例如 NTSC 的 1/2.2），LED 灯具必须采用合适的 γ 修正系数（例如对应 NTSC 的 2.5），并且此系数应该随着视频编码格式的不同会略有差异，需要根据项目实际使用的控制器输出方式来选择最适合的 γ 修正系数。

调光 LED 灯具在设定调光范围内的调光性能应符合下列规定：灯具的实测光通与设定值偏差不应超过 5%；采用调电流占空比控制方式进行调光的驱动电源，电流脉冲的频率不应小于 200Hz。其中第一点是调光 LED 灯具在设定的调光值与实测值之间的偏差不能够超过 5%，这样能够确保在调光时灯具的光通量差异不会非常明显，当然此时调光 LED 灯具的输出曲线应该未经过 γ 修正。第二点要求调光 LED 灯具所采用的 PWM 驱动方式，其脉冲频率不应小于 200MHz，以防止由于调光而产生的不舒适屏闪出现。

10. 光源显色性

光源显色性是指光源在与标准参照光源相比时对物体颜色产生的效果。人们总是习惯以日光照明下的物体色作为物体的本色。其他人工光源照明下的物体色与物体的本色之间的差异即为这种人工光源的显色性能。显色性越好的光源照明下的物体色越接近该物体的本色。人工光源的显色性主要取决于光源的光谱分布。具有与日光、白炽灯相似的连续光谱的光源都具有良好的显色性。国内外均采用统一的测验方法来对它进行评价。其数量指标是显色指数（CRI），包括一般显色指数（R_a）和特殊显色指数（R_i）。光源对国际标准委员会（CIE）规定的 8 种标准颜色样品特殊显色指数的平均值，通称显色指数，符号为 R_a。国际照明委员会（CIE）为 CRI 方法建立了 8 个 CIE 标准颜色样本的量表。在极少数情况下，可以使用另外 7 种其他颜色，但通常只有 8 种颜色用于测量 CRI 值。该测试涉及比较光源下的 8 个颜色样本，将其与参考光源（通常是太阳）进行比较。然后将平均差值减去 100 以获得 CRI 值。这就是为什么显示更多"真实"颜色的光源具有更高的 CRI 值，光源和参考光之间的平均差异更小。

通常只用一般显色指数评价待测光源的显色性。只有在考察待测光源对人体肤色等特定颜色的显色性时，才使用特殊显色指数。若待测光源的一般显色性指数在 75～100 之间，其显色性为优；在 50～75 之间，其显色性为一般；若低于 50，其显色性为差。白光 LED 灯具一般显色指数 R_a 不宜小于 80。国内现行相关标准对灯具使用的场所会有不同的显色指数要求。一般室内照明要求高一点，室外照明产品要求低一点。结合实际项目的调研数据和超高层建筑对于材质在灯光下色彩还原能力的要求，建议一般显色指数不小于 80。此要求高于现行国家标准《LED 夜景照明应用技术要求》（GB/T 39237—2020）第 6.4.2 条中功能照明用 LED 灯具一般显色指数不应小于 60 的规定。

CRI 这种光源显色性评估方法建立于 1937 年，并于 1974 年进行了最后的审查，至今一直为最常用的颜色品质评价指数。CRI 的值是基于光源对 8 块非饱和色的标准色样的显色性而得到，对于衡量连续且频带较宽的光源的显色性相当不错，如卤素灯等，也广泛用于评价荧光灯和 HID 灯。但随着新光源的出现和研究的深入，特别是 LED 白光源作为新型光源的出现与成熟，人们发现用 CRI 来评价 LED 显色性时存在一定的问题。CRI 是基于黑体辐射类连续发射光谱的光源而提出的，对于光谱波形陡峭，频带较窄的光谱而言可能会产生问题，所以实际测试中发现，有时显色指数低的 LED 甚至会比显色指数高的 LED 具有更完美的显色性。CRI 计算采用的标准色样板均为非饱和色，对于衡量连续且频带较宽的光源的显色性相当不错。但对于 LED 等饱和色光源，显色性评价的准确性会有一定的误差。基于 CRI 在评估 LED 光源时存在色空间不均匀性、标准色样少且饱和度过低等问题，CIE 自身亦在 2007 年的技术报告中提出：目前的 CRI 指数不能有效反映包括白光 LED 在内的白光光源的显色性优劣。

近年来，有不少组织提出新的关于颜色质量评价标准，其中比较有代表性是 NIST 提出的色品质度（CQS）和 ASSIST 提出的 CRI 加全色域指数（GAI）。北美照明学会（IES）于 2015 年 5 月 18 日在历时两年的工作后正式发布了对于光源显色能力的新的评价方法——IES TM－30－15 IES Method for Evaluating Light Source Color Rendition。目前，TM－30－15 与 CRI 一起使用，但它最终将取代 CRI 指标。TM－30－15 方法使用保真度指数（R_f）Fidelity Index、色域指数（R_g）Gamut index 和颜色矢量图形 Color Vector Graphic 来评估光源颜色再现。CRI 的显色性指数和 TM－30－15 方法之间的差异在于后者使用 99 个颜色评估样本（CES），而不是仅仅 8 个。2018 年 10 月 9 日，北美照明工程学会（Illuminating Engineering Society of North America，IES）发布了新版的光源颜色质量评价标准——IES TM－30－18 Method for Evaluating

Light Source Color Rendition（光源颜色再现的评价方法），对旧版文件进行了部分更新。与 2015 年发布的旧版文件相比，TM-30-18 版本修改了如下三点：调整了色板在小于 400nm 和大于 700nm 范围的光谱反射率计算函数；调整了参考光源的过渡区，适用色温范围由原来的 4500～5500K 变为 4000～5000K；修改了颜色保真度 R_f 的评价公式，计算的比例因子从 7.54 改为 6.73。

保真度指数（R_f）用于测量光源与参考源的接近程度，就像 CRI 方法中所描述的那样。使用 TM-30-15 方法的比例为 0～100，并使用 99 种颜色评估样品。使用 99 种颜色样本而不是仅仅 8 种颜色样本，可以在显示颜色显示精确度方面提供更具统计学意义和可靠性的指标。TM-30-15 Fidelity Index 中的 99 种颜色是从现实世界中选择的。它们进一步分为 7 组：自然、肤色、纺织品、油漆、塑料、印刷材料、颜色系统。这种分类对 LED 灯是有益的，因为测试可以是特定于应用的。如果建筑师希望展示某些油漆颜色，他/她将主要查看彩通色卡的油漆颜色类别。R_f=100 为最大值，代表与自然光源下的颜色无色差，色彩效果逼真。R_f=0 为最小值，代表与自然光源下的颜色色差最大，色彩效果失真。

色域指数（R_g）则代表各标准色在测试光源下与参考光源相比饱和度的改变。"色域"一词的定义是"能够表示再现或感知的色彩范围。"照明中的色域指数用于测量光源色度的增加或减少。色度是颜色的纯度，强度或饱和度的质量。R_g=100，代表光源的饱和度和自然光相同，色彩饱和度适中；R_g>100，代表光源可以提高颜色的饱和度，物体看起来更加鲜艳和具有活力；R_g<100，代表颜色的饱和度在测试光源下会降低，色彩饱和度不足，物体变得灰暗和呆滞。大约 100 的 R_g 分数意味着光源可以产生与日光下的太阳相似的饱和度（约 5600K/6500K）。在查看 LED 时，要获得可接受的颜色质量，分数应在 80～120 之间；较高的分数表示较高的饱和度（颜色强度）；当分数高于 100 时，颜色将比阳光下的自然色更强烈。

颜色矢量图形（Color Vector Graphic）是一种直观的工具，可以显示哪些颜色或多或少饱和，或者恰好通过视觉表示。这种形式的测量揭示了某些颜色如何与观察到的光一起出现，颜色是否显得暗淡或更生动。颜色矢量图形不是通过数值表示，而是通过色调和饱和度的变化来呈现，这是对保真度指数（R_f）（Fidelity Index）和色域指数（R_g）（Gamut index）的重要补充。由于保真度指数（R_f）和色域指数（R_g）基于平均值，因此无法确定哪些颜色已饱和。如果对 LED 照明有特定应用需求，那么颜色矢量图形非常重要。与 R_f 和 R_g 值一起使用的颜色矢量图形将有助于更准确地了解该光源的真实颜色。

IES 认为目前 CRI 存在缺陷，无法完全表达人眼对于颜色的感知。而 IESTM30-18 是在解决此问题上迈出的重要一步，它在以下几个方面进行了提升：更精准地忠实显色评价；颜色偏好的补充评价；特殊颜色显示的更多细节信息。

11. 光源色容差

为了辅助光源颜色判断，在可接受范围内的色差被称作色容差，可作为感知色差的标准。色容差用于控制颜色，确保生产批次间一致性，最大限度地减少批次间差异。色容差表征光色电检测系统软件计算的 X、Y 值与标准光源之间差别，数值越小，准确度越高，光的颜色越纯正。根据科学家麦克亚 David L.MacAdam 于 1942 年发表的文章《白光下颜色差异的视察敏感度》（Visual Sensitivities to Color Differences in Daylight），在颜色匹配实验中，是以每个方向上颜色匹配实验结果变动的标准差《颜色匹配变化标准差》（color matching variation standard deviation）定出颜色的宽容量，而并不是以恰可察觉差刚辨差（Just Noticeable Difference）确定出椭圆的边界。这么做的原因是为了避免观察波动带来的不合理的影响。麦克亚当椭圆表示的是标准差，并不是直接表示色差，它代表的是色品的分辨力。麦克亚当通过实验证明了，恰可察觉色差与颜色匹配相对应的标准差之间呈线性关系，标准差的 3 倍就是色差的恰可察觉差。

麦克亚当椭圆通常用"阶"来描述，这里所说的"阶"其实就是指标准差。1 阶麦克亚当椭圆指的是距离目标颜色 1 倍的颜色匹配结果变动的标准差。同理可知，3 阶、4 阶等的含义。如果两个色坐标落在 1 阶麦克亚当椭圆之内，则人眼几乎是看不出两者有什么区别；3 阶麦克亚当椭圆边界对应的颜色与中心颜色的差别才是人眼恰可察觉的色差值。1 阶的麦克亚当椭圆非常小，在绝大多数情况下，我们看到的都是按比例放大了的麦克亚当椭圆，其尺寸一般是原始椭圆的 7 倍或 10 倍。

白光 LED 灯具的色容差 SDCM 不宜大于 5，通过规定色容差 SDCM 值，对光色一致性进行规定。色容差是表征一批光源中光源与光源额定色品的偏离，用颜色匹配标准偏差 SDCM 表示。

现在照明行业内，传统光源和 LED 光源对于色容差的判定是不一样的，因为两者的色温对应的色坐标不同，会导致最后计算出来的色容差有差异，见表 4-1。

表 4-1　　　　GB/T 10682 和 ANSI C78.377 标准色温对应的色坐标对比

色温/K	GB/T 10682		ANSI C78.377	
	X	Y	X	Y
6500	0.313	0.337	0.312 3	0.328 2
5000	0.346	0.359	0.344 7	0.355 3
4000	0.380	0.380	0.381 8	0.379 7
3500	0.409	0.394	0.407 3	0.391 7
3000	0.440	0.403	0.433 8	0.403 0
2700	0.463	0.420	0.457 8	0.410 1

国内现行的 LED 照明相关性能标准，有些还是使用《双端荧光灯　性能要求》（GB/T 10682）来判定色容差，但是 LED 光源的设计和制程都是按照《固态照明产品的色度坐标》（ANSI C78.377），所以在进行某些色温段的色容差判定时存在结果不一致。在项目应用时，进行 SDCM 评判时，建议用 ANSI C78.377 标准来执行。

12. 光源色温

色温以热力学温度来表示，把某个黑体加热到一个温度，其发射的光的颜色与某个光源所发射的光的颜色相同时，这个黑体加热的温度称为该光源的颜色温度，即色温。即从冷黑加热到白热状态，该物体都会发光，并且随着温度的升高，该灯光的颜色将以可预测的方式移动。当温度升高到一定程度时，该黑体颜色开始深红-浅红-橙黄-白-蓝，逐渐改变，某光源与黑体的颜色相同时，我们把黑体的热力学温度称为该光源的色温 T_C。这始于 20 世纪 80 年代后期，当时英国物理学家威廉·开尔文（William Kelvin）加热了一块碳。它在热量中发光，在不同的温度下产生各种不同的颜色，制定出了一套色温计算法，为了纪念开尔文的杰出贡献，色温以开氏温度（K）表示。

标准黑体产生不同颜色的标准色温曲线称为普朗克曲线，只有落在黑体辐射线上才能叫作标准色温。而 LED 发出来的光，并不是热辐射产生的，那它的光色可能就不会刚好落在黑体辐射线上，我们只能找这条线上最近的那个点，那里就是代表这个光源的相关色温。标准色温是用于描述普朗克轨迹上的光的颜色并且由黑体辐射产生光的度量。这是一个相当有局限的指标，因为它仅适用于表示黑体辐射光线颜色。每个标准色温单位在给定的色彩空间中具有一组色度坐标，并且该组坐标位于普朗克轨迹上。相关色温是用于描述位于普朗克轨迹附近的光的颜色的度量。该度量具有更广泛的实用性，因为它适用于各种制造的光源，其中每个光源产生的光谱功率分布不同于黑体。然而，它不如标准色温度量精确，因为沿着等温线的色度图中的许多点将具有相同的相关色温。也就是说往往会出现具有相同相关色温，但光色不同的现象。这种情况下，为了选择一致性的光源，会结合色容差指标使用。

13. 白光 LED 灯具空间色度均匀性

白光 LED 直视灯具在不同方向上的色品坐标与其加权平均值偏差在《均匀色空间和色差公式》（GB/T 7921—2008）规定的 CIE 1976 均匀色度标尺图中，应不大于 0.007；白光 LED 投光灯具在不同方向上的色品坐标与其加权平均值偏差在《均匀色空间和色差公式》（GB/T 7921—2008）规定的 CIE 1976 均匀色度标尺图中，应不大于 0.004。

白光 LED 灯具的空间色度均匀性指的是灯具所测试的在不同方向上的初始色品坐标在 CIE 1976 均匀色度空间里用色差公式计算得到的 CIE 1976 均匀色度标尺图中的距离。针对直视照明灯具和投光灯具对于空间色度均匀性的要求不同，《LED 夜景照明应用技术要求》（GB/T 39237—2020）第 6.4.4 条规定直视灯具在不同方向上的加权平均值偏差不能够大于 0.007，而投光灯具在不同方向上的偏差则不能够大于 0.004。需要注意的是空间色度均匀性与色容差含义是不一样的，色容差是确保灯具与标准色温间的差异在可接受范围内，而空间色度均匀性主要规范灯具在不同方向上的空间色度均匀性。

LED 白光芯片本身基于蓝光芯片加黄色荧光粉的结构形式容易导致芯片不同出光角的荧光粉通过路径不一样，从而形成了色温或者色品坐标随着角度变化而产生的不一致的现象（Color-Over-Angle，CoA），这对于超高层建筑照明来说是非常需要重视的一个问题。通常情况下这个问题可以通过透镜的二次光学甚至三次光学来改善。

14. 白光 LED 灯具寿命周期内的色品坐标与初始值的偏差

直视白光 LED 灯具寿命周期内的色品坐标与初始值的偏差在《均匀色空间和色差公式》（GB/T 7921—2008）规定的 CIE 1976 均匀色度标尺图中，不应大于 0.012。LED 投光灯具的色品坐标与初始值的偏差在《均匀色空间和色差公式》（GB/T 7921—2008）规定的 CIE 1976 均匀色度标尺图中，不应大于 0.007。

白光 LED 灯具的寿命周期内其色品坐标的数值会随着 LED 芯片的使用而产生偏差，在 LED 灯具寿命周期内这种偏差的程度不能够大于允许的范围。LED 白光芯片色温或者色品坐标随着时间产生漂移的现象的主要成因是白光 LED 芯片的黄色荧光粉由于长时间工作的自然老化现象造成的，要求在整个生命周期内的任意时间点其测试的色品坐标与初始值偏差均不能超过规范所允许的范围。具体可根据 LED 芯片厂家所提供的 LM-80 报告中的初始色品坐标和随时间变化的芯片测试色品坐标通过色差公式得到。

15. LED 灯具的主波长范围及颜色纯度

在夜景照明项目中我们经常会见到使用彩色灯具，但同样的 R、G、B 彩色显示不同的灯具差异就很大。有的灯具显示彩色就很正，照明效果很好，有的灯具偏色就比较严重，照明效果较差。这是因为虽然大家都是用的 R、G、B 灯具，但 LED 芯片的主波长及颜色纯度不一致，导致照明效果差异很大，所以需要对夜景照明 LED 灯具的主波长范围及颜色纯度加以规定，见表 4-2。

表 4-2　　　　　　夜景照明用 LED 灯具的主波长范围及颜色纯度

颜色	红光	绿光	蓝光	黄光
主波长范围/nm	610~700	508~550	455~475	585~600
颜色纯度限值（%）	≥94	≥72	≥90	≥93
主波长偏差/nm	±5	±5	±5	±5

灯具相应光色主波长需要满足上表规定的主波长范围，同一项目同光色灯具主波长偏差需要满足主波长偏差要求，以确保光色一致。

对于超高层项目在选择彩光 LED 灯具所用芯片主波长时，需要同时满足目标主波长和主波长偏差，建议遵循的流程如下：

（1）根据项目情况选择适合项目的色彩配方或组合，选定最合适的目标主波长，如650nm。

（2）灯具所允许的主波长范围偏差是 ±5nm，因此可以得到项目的红光范围为 650nm±5nm。

（3）假如使用的灯具的光学测试报告显示其主波长为 655nm，则符合要求。假如测试波长为 660nm，此时虽然主波长符合范围要求，但是因为偏离了目标主波长的偏差，则被认为不符合项目要求。

4.2　灯具安全

4.2.1　灯具防触电保护等级

为了电气安全，灯具所有带电部件必须采用绝缘体材料等加以隔离，灯具这种保护人身安全的防护措施称为防触电保护，根据灯具采用防触电保护的方式，可将灯具分为Ⅰ、Ⅱ、Ⅲ三类。

Ⅰ类灯具：除基本绝缘外，易触及的部分及外壳有接地装置，一旦基本绝缘失效时，不致有危险，用于金属外壳灯具，如投光灯、路灯、庭院灯等。

Ⅱ类灯具：除基本绝缘外，还有补充绝缘，做成双重绝缘或加强绝缘，安全性和绝缘性好，安全程度高，适用于环境差、人经常触摸的灯具，如台灯、手提灯等。

Ⅲ类灯具：采用特低安全电压（交流有效值小于 50V），且灯内不会产生高于此值的电压灯具安全程度最高，用于恶劣环境，如机床工作，儿童用灯等。

超高层夜景照明灯具根据使用环境和安装位置等因素，常用Ⅰ类和Ⅲ类灯具。

4.2.2 灯具外壳防护等级

为了保证灯具在特定环境里正常工作，灯具需要具有一定的防尘、防止外物及防水能力，通常使用 IP 防护等级表示灯具的防护能力。IP（international protection）防护等级系统标准是由国际电工委员会 IEC（International Electro Technical Commission）所制定的。这里所指的外物包含工具、人的手指等均不可接触到灯具内之带电部分，以免触电。IP 防护等级由两个数字 IPXX 所组成，第一个数字表示灯具防尘、防止外物侵入的等级；第二个数字表示灯具防湿气、防水侵入的密闭程度。数字越大，表示其防护等级越高。

第一个标示数字定义：

0 没有防护：对外界的人或物无特殊防护。

1 防止大于 50mm 的固体物体侵入：防止人体（如手掌）因意外而接触到灯具内部的零件，防止较大尺寸（直径大于 50mm）的外物侵入。

2 防止大于 12mm 的固体物体侵入：防止人的手指接触到灯具内部的零件，防止中等尺寸（直径大于 12mm）的外物侵入。

3 防止大于 2.5mm 的固体物体侵入：防止直径或厚度大于 2.5mm 的工具、电线或类似的细节小外物侵入而接触到灯具内部的零件。

4 防止大于 1.0mm 的固体物体侵入：防止直径或厚度大于 1.0mm 的工具、电线或类似的细节小外物侵入而接触到灯具内部的零件。

5 防尘：完全防止外物侵入，虽不能完全防止灰尘进入，但侵入的灰尘量并不会影响灯具的正常工作。

6 防尘：完全防止外物侵入，且可完全防止灰尘进入。

第二个标示数字定义：

0 没有防护：没有防护。

1 防止滴水浸入：垂直滴下的水滴（如凝结水）对灯具不会造成有害影响。

2 倾斜 15° 时仍可防止滴水浸入：当灯具由垂直倾斜至 15° 时，滴水对灯具不会造成有害影响。

3 防止喷洒的水浸入：防雨，或防止与垂直的夹角小于 60° 的方向所喷洒的水进入灯具造成损害。

4 防止飞溅的水浸入：防止各方向飞溅而来的水进入灯具造成损害。

5 防止喷射的水浸入：防止来自各方向由喷嘴射出的水进入灯具造成损害。

6 防止大浪的浸入：装设于甲板上的灯具，防止因大浪的侵袭而进入造成损坏。

7 防止浸水时水的浸入：灯具浸在水中一定时间或水压在一定的标准以下能确保不因进水而造成损坏。

8 防止沉没时水的浸入：灯具无限期地沉没在指定水压的状况下，能确保不因进水而造成损坏。

超高层夜景照明用灯具建议室外安装灯具的防护等级不应低于 IP 66，埋地安装灯具的防护等级不应低于 IP 67，水下安装灯具的防护等级不应低于 IP 68。

4.2.3　灯具抗振动要求

超高层建筑由于建筑高度高，受风压影响会有明显的振动。夜景照明灯具需具有抗振动的性能，应满足现行国家标准《LED 灯具可靠性试验方法》（GB/T 33721）中第 13 条的振动测试要求。

《LED 灯具可靠性试验方法》（GB/T 33721）第 131 条主要引用了《灯具　第 1 部分：一般要求与试验》（GB 7000.1）和《道路和街道照明灯具性能要求》（GB/T 24827）。

对于室外用杆式安装灯具，试验应在灯具的基本共振频率、按规定的加速度进行。应在 3 个互相垂直的轴（X，Y 和 Z）上用 5～30Hz 扫频，寻找并确定基本共振频率。灯具按正常安装在振动发生器上扣紧，在每个平面上按振动加速度和基本共振频率经受 100 000 次振动。

每个平面上的振动试验可以用不同的备用样品进行，以消除连接部件老化的影响。

使用在道路上灯具的试验加速度见表 4-3。

表 4-3　　　　　　　　　　　使用在道路上灯具的试验加速度

外壳材料	试验加速度
挤压铝	1.5g
压铸铝	1.5g
玻璃纤维化合物	1.5g
砂型铸造铝	2.0g
铝板	1.5g
不锈钢板	1.5g

使用在桥梁和天桥上的灯具的试验加速度见表 4-4。

表 4-4　　　　　　　　　　　使用在桥梁和天桥上灯具的试验加速度

外壳材料	试验加速度
挤压铝	3.0g
压铸铝	3.0g
玻璃纤维化合物	3.0g

续表

外壳材料	试验加速度
砂型铸造铝	3.5g
铝板	3.0g
不锈钢板	3.0g

对于其他灯具，振动试验可参考 GB/T 2423.10。试验样品不包装、不通电，按其预定使用位置固定在试验台中央，振动方向为互相垂直的 3 个方向，振动试验参数为：

频率范围：10～55Hz。

振幅：0.35mm。

扫频速率：约 1oct/min。

持续时间：30min。

合格判定：试验结束时，灯具的外壳不应破坏，电气间隙不应减小，灯具的所有部件都不能松动，任何可能造成安全问题的损坏都等同于试验失败，通电后，灯应能正常启动和燃点。

4.2.4 灯具抗风压要求

超高层建筑夜景照明室外安装灯具会受到较大风压，灯具抗风压性能应符合现行国家标准《建筑结构荷载规范》（GB 50009）关于极限风速的规定。

对于超高层建筑用灯具和建筑物同样承受着各个方向上的风载荷。基本风压应按照 GB 50009 规范的方法确定的 50 年重现期的风压，但不得小于 $0.3kN/m^2$。对于高层建筑、高耸结构以及对风荷载比较敏感的其他结构，基本风压的取值应适当提高，并应符合有关结构设计规范的规定。

全国各城市的基本风压值应采用 GB 50009 规范附录 E 中表 E.5 重现期 R 为 50 年的值。当城市或建设地点的基本风压值在表 E.5 没有给出时，基本风压值应按照附录 E 规定的方法，根据基本风压的定义和当地年最大风速资料，通过统计分析，分析时应考虑样本数量的影响。当地没有风速资料时，可根据附近地区规定的基本风压或长期资料，通过气象和地形条件的对比分析确定；也可比照附录 E 中附图 E.6.3 全国基本风压图近似确定。

风载荷的组合值系数、频率值系数和准永久值系数可分别取 0.6、0.4、0.0。

4.2.5 灯具抗冲击要求

超高层建筑夜景照明灯具易受冰雹的影响，灯具的抗冲击等级不应低于 IK08。

《灯具 第 1 部分：一般要求与试验》（GB 7000.1—2015）第 4.13.1 条要求灯具要有足够的机械强度，其结构应使灯具在正常使用中承受可以预料的粗野操作后仍是安全的。不同灯具需要承受的冲击能量见表 4-5。

表 4-5　　　　　　　　　　　　不同灯具需要承受的冲击能量

灯具类型	冲击能量/（N·m）		压缩量/mm	
	易碎部件	其他部件	易碎部件	其他部件
嵌入式灯具、固定式通用灯具和墙壁安装可移动式灯具	0.20	0.35	13	17
可移式落地灯和台灯、照相和电影灯具	0.35	0.50	17	20
投光灯具、道路和街道照明灯具、游泳池灯具、庭院用可移式灯具和儿童用可移式灯具	0.50	0.70	20	24
恶劣环境用灯具、手提灯和灯串	其他试验方法			

按照国内现有标准，投光灯具的最大抗冲击能量是 0.7J，固定式安装的线性灯具的最大抗冲击能量仅为 0.35J。对于安装在超高层建筑使用的灯具需要提高一定等级，可以参考投光安全性标准 IEC 60598-2-5 的要求，灯具防护罩应具有较高的机械强度，在 5J 冲击能量下，防护罩应不破损。

IK 代码及其相应的碰撞能量的对应关系，请参考《电器设备外壳对外界机械碰撞的防护等级（IK 代码）》（GB/T 20138）。

4.2.6　其他要求

安装在有坠落风险场所的灯具及其附件应有二次防坠落装置，安装在有坠落风险场所的灯具及其附件应有防坠落装置，在固定失效的时候，多一级防护。《灯具　第 1 部分：一般要求与试验》（GB 7000.1—2015）要求：为了防止任一灯具部件或外部部件在使用或维护时因振动而移动，支撑灯具或外部部件和内部附件重量的固定装置应提供装置。除了至少用两个装置固定外，灯具部件或外部部件应有附加的防护。

4.3　灯具电气

4.3.1　灯具基本电气要求

灯具在额定电压 90%～110%范围内应能正常工作。LED 灯具应能够在正负 10%的范围内正常工作，例如，针对 24V 直流供电灯具，其最低的工作电压为 21.6V。实际超高层项目在灯具终端配电回路的设计中，应充分考虑线路负载压降的影响，以确保回路中的灯具输入电压能够满足灯具的正常工作电压范围。超高层建筑希望将所有的配电及控制设备放在机电层，通常机电层之间会有约 60～70m 的距离，采用向上或者向下两个方向布线，单回路会达到 30m，如果采用 24V 或以下电压驱动可能导致回路电流过大，此时可以采用 36V 或者 48V 电压以降低回路电流，从而改善压降。

涂层保护、缓浊剂使用、电化学保护和临时性保护的合理配合。常用金属耐腐蚀处理工艺有阳极氧化、钝化、喷涂、电镀和烤漆等。螺钉和安装支架通常选用 304 及以上等级牌号的不锈钢。

下面金属或附件具有足够的耐腐蚀性能：

（1）紫铜和青铜，或含铜量不低于 80% 的高铜合金。

（2）不锈钢。

（3）铝（板、挤压或压铸）和压铸铝。

（4）至少 3.2mm 厚的铸铁或可锻铸铁，外表面至少镀 0.05mm 厚的锌，内表面有可见的镀锌层。

（5）镀锌钢板，镀层平均厚度 0.02mm。

（6）聚合材料等。

灯具及附件所用材料需要通过如下试验来验证材料的可靠性，相关标准可参见如下（但不仅限于这些标准）：

《电工电子产品环境试验　第 2 部分：试验方法　试验 A：低温》（GB/T 2423.1—2008）；

《电工电子产品环境试验　第 2 部分：试验方法　试验 B：高温》（GB/T 2423.2—2008）；

《环境试验　第 2 部分：试验方法　试验 Cab：恒定湿热试验》（GB/T 2423.3—2006）；

《电工电子产品环境试验　第 2 部分：试验方法　试验 Db：交变湿热（12h＋12h 循环）》（GB/T 2423.4—2008）；

《环境试验　第 2 部分：试验方法　试验 Ka：盐雾》（GB/T 2423.17—2024）。

4.4.3　灯具固定附件

因超高层建筑上安装灯具易受振动和风压的影响，灯具及附件的固定可靠性需要有更高要求。灯具、外部和内部附件承重固定装置不应少于两个，且应提供附加防护，并应避免在使用或维护时因振动而移位。

《灯具　第 1 部分：一般要求与试验》（GB 7000.1—2015）及其分标准特殊要求有如下规定：

将灯具或外部部件固定到支撑物上的方式应与灯具或外部部件的重量相适应。连接件的设计应使组合件承受抗风压试验。

支撑灯具或外部部件和内部附件重量的固定装置应提供措施，防止任一灯具部件或外部部件在使用或维护时因振动而移位。

除了至少用两个固定装置固定以外，对于螺钉或具有足够强度的类似装置，固定的灯具部件或外部部件还应有附加的防护，万一在正常条件下一个固定装置失效时，要防止这些部件坠落，导致危及人、动物和周围环境。

4.4.4　灯具电缆及接头

1. 灯具电缆

灯具自带的电源线及控制线缆应选用具有双层绝缘的护套电缆，该电缆应具有柔软、耐寒、耐高温、抗冲击、耐化学试剂、低烟、阻燃、耐紫外线等性能。由于使用环境不同,灯具自带的电源线可选用不同材质和工艺的线缆,一般情况下,室内使用的灯具配用的电源线和控制线宜选用聚氯乙烯绝缘电缆和硅橡胶绝缘电缆,室外使用的灯具配用的电源线和控制线宜选用橡皮绝缘电缆。

请参见如下系列标准:

《额定电压 450/750V 及以下橡皮绝缘电缆　第 1 部分:一般要求》(GB/T 5013.1—2008);

《额定电压 450/750V 及以下橡皮绝缘电缆　第 2 部分:试验方法》(GB/T 5013.2—2008);

《额定电压 450/750V 及以下橡皮绝缘电缆　第 3 部分:耐热硅橡胶绝缘电缆》(GB/T 5013.3—2008);

《额定电压 450/750V 及以下橡皮绝缘电缆　第 4 部分:软线和软电缆》(GB/T 5013.4—2008);

《额定电压 450/750V 及以下聚氯乙烯绝缘电缆　第 1 部分:一般要求》(GB/T 5023.1—2008)。

电缆应具有柔软、耐寒、耐高温、抗冲击、耐化学试剂、低烟、阻燃、耐紫外线等性能,符合我国现行标准规范,非 SELV 供电的电源线缆需要同时取得 CCC、UL、VDE 认证来保证性能。

2. 灯具接头

安装在室外的 48V 以下灯具应带有快速接插、防误插和锁止装置的防水接头,防护等级不应低于 IP 66,使用寿命不应低于 10 年。灯具的快速防水插头插针与插孔建议采用铜镀金以保证长期稳定性。

现行国家标准防水接头的安全要求需符合如下标准:

《工业用插头插座和耦合器　第 1 部分:通用要求》(GB/T 11918.1—2014);

《工业用插头插座和耦合器　第 2 部分:带插销和插套的电器附件的尺寸兼容性和互换性要求》(GB/T 11918.2—2014);

《连接器　安全要求和试验》(GB/T 34989—2017)。

由于 LED 光源的典型寿命较长,LED 灯具的寿命也会比较长,一般都有 10 年以上的使用寿命,配用的防水接头至少要大于灯具的寿命,也就是需要至少 10 年的使用寿命,而且根据灯具不同的防护等级,需要配用不小于灯具的防护等级。

注:现在市场上使用的防水接头的防护等级大都在 IP 66、IP 67 的水平,特制的话可达 IP 68。220V 供电的灯具配用的防水接头需要使用带有 CQC 认证标志的产品。

灯具的快速防水插头插针与插孔建议采用铜镀金的优势如下:

(1)防水连接器插头插针和插孔不进行电镀镀金工艺的话,会导致产品的信号和导电性产生不稳定的因素。

(2)性能好的防水连接器插头插针和插孔需要进行镀金处理,因为金能更好地提高电传导性和耐热性能,以及防氧化和腐蚀。

(3)防水连接器插头插针和插孔进行电镀镀金工艺可以增加产品的使用寿命,厚度越大作用越明显,接触电阻也会降低。

铜镀金盐雾效果好、不容易生锈、表面不易氧化,成品要比镍底镀金要饱满一些,光亮一些,铜可以将保护基体完全隔离开,附着性很强的铜做衬底能增加电镀面的附着稳定性。

铜与其他金属的相容性好，可以成为外镀层与基体的良好媒介，使基体与外镀层更好地结合。如果基体平整度不理想，也可以用镀铜层来改善。

4.5 LED 驱动电源

4.5.1 LED 驱动电源基本要求

1. LED 驱动电源认证要求

国家强制性目录中包含 LED 驱动电源（LED 控制装置），因此，LED 驱动电源属于国家强制性产品，使用了 CCC 认证的驱动电源，能够确保产品符合国家的安全和电磁兼容性等要求。不应该使用不符合标准要求或未通过 CCC 认证的 LED 驱动电源。

2. LED 驱动电源耐候性要求

LED 驱动电源应能在温度为 −40℃～55℃，相对湿度为 10%～100% 的条件下正常工作，并应满足使用场所的环境温度、湿度和耐腐蚀性等其他要求。LED 驱动电源主要有独立式和内装式两种安装方式，因此对使用场所的环境要求也不尽相同。内装式安装的 LED 驱动电源，灯具的热量对它影响比较大；独立式安装的 LED 驱动电源，灯具的热量对它的影响较小，但对环境温度、湿度和耐腐蚀性要求较高。

LED 独立式电源配用户外 LED 灯具时，两者都在户外安装，因此温度、湿度和耐腐蚀要求需要至少达到同一水平，LED 驱动电源要求应该更高。

关于 LED 驱动电源的高温、低温、高温高湿和耐腐蚀的试验方法和推荐要求可以参考国家电工电子产品环境试验相关标准。

选用 LED 驱动电源需要结合当地气候特点选择合适的 LED 驱动产品；在极寒、极热地区应对 LED 驱动电源的耐温性提出针对性要求；在沿海地区应对 LED 材质耐腐蚀性提出针对性要求，或者尽量选择内装式的 LED 驱动。

3. LED 驱动电源的防护等级

LED 驱动电源一般分为内装式、整体式和独立式。独立式 LED 驱动电源是指由一个或若干个部件构成，并能独立安装在灯具之外而不带任何辅助外壳，又具备符合其标志所示保护功能的控制装置。这种装置可以是一装有具备符合其标志所示全部必要的保护功能的适用外壳的内装式灯的控制装置。

LED 灯具可根据使用的环境不同可以匹配不同类型的独立式 LED 驱动电源，室内使用需要能防淋水并需要防止直径 1mm 固体异物侵入的场所，应使用至少 IP 43 防护等级的 LED 灯具和 LED 独立式驱动；室外使用在需要能尘密和防喷水场所的，应至少配用 IP 65 防护等级的 LED 灯具和 LED 独立式驱动。

如果项目采用了非独立式 LED 灯具驱动，则需要根据安装在室内或室外满足对应的防护等级要求，针对超高层建筑照明中大量采用的集中式 LED 驱动电源的防护性能，可以根据项目现场的实际情况进行调整，如果安装在室外的建议采用 IP 65 防护等级的防水驱动电源，或者采用合适防护等级的驱动电源安装在适配的 IP 65 防护等级的防水箱内使用。

4. LED 驱动电源耐久性要求

LED 驱动电源在高温 85℃ 环境下进行 500h 耐久性试验后，应能正常工作。

超高层夜景照明建筑的高度一般在 100～300m 之间居多，LED 驱动电源（尤其是独立式电源）不仅仅受温度的影响，同时还受湿度的影响。因此引入双 85 试验尤为重要。双 85 试验是指在 85℃/85%RH 的条件下进行的老化产品试验，对比产品老化前后的性能变化，比如 LED 驱动电源的电性能参数、材料的力学性能、黄变指数等，其差值越小越好。

双 85 试验主要用于光伏及太阳能行业的设备测试，用于测试光伏组件，主要是单晶硅组件、地面用晶体硅光伏组件、地面用薄膜光伏组件等一系列的光伏组件进行试验，可以再现环境所产生的破坏。但是近年来也慢慢引入到照明行业中来。在 LED 照明行业，很多厂家已经将双 85 试验结果作为评判 LED 灯具和 LED 驱动电源的质量好坏的一个重要手段。

LED 驱动电源无法通过双 85 测试的各种可能原因：

（1）外壳耐热差、电路存在短路危险、保护机制失效等。

（2）结构：散热体设计不合理、安装出现问题、用料不耐高温。

（3）防潮性能差、封装胶老化、耐高温的性能差。

如遇到特别的使用环境，比如工作环境温度严峻，则需要测试其耐高低温性能，其测试方法可参考高低温测试项目。试验时间要根据产品行业的标准来定，行业内一般定 500h 为一个阶段性的考核 LED 驱动电源的耐久性和可靠性，试验后产品应还能正常工作。

5. LED 驱动电源寿命要求

LED 驱动电源外壳最高温度点的温度不超过 75℃ 时，寿命不应低于 50 000h。在额定工作条件下，LED 驱动电源年失效率不应超过 0.5%。

LED 驱动电源的质量与可靠性取决于其电路设计、生产工艺，以及器件的质量。LED 驱动电源的电路复杂，电子器件众多，现在行业内基本达成共识的就是 LED 驱动电源的寿命主要取决于电解电容的寿命，电解电容的寿命可以根据工作温度、纹波电流和纹波电压等参数得出。把计算出来的电解电容的最短寿命作为 LED 驱动电源的寿命。电解电容在不同的温度下其工作寿命差异很大，一般电解电容的使用环境温度是 -40℃～105℃，这种规格电容寿命保证值是（在 105℃ 满负载条件下）4000～8000h 不等，按照温度每降低 10℃ 寿命增加一倍，大致可以推算出电源的寿命。因此需要合理地控制 LED 灯具和 LED 驱动电源本身的温度问题。

LED 驱动电源产生的大量热主要依靠壳体来散热，合理的设计可以使 LED 灯具的壳体温升至 20～25℃ 间，在室内温度 25℃ 工作条件下，灯具壳体温度约 45～50℃，在室外温度 50℃ 工作条件下，灯具壳体温度 70～75℃。因此控制了外壳温度，才能有效地控制 LED 驱动电源内部的电路板上各电子器件的温度，这样才能保证 LED 驱动电源的寿命。LED 灯具的合理设计也是提高 LED 驱动电源寿命的重要因素。在超高层建筑夜景照明项目中无论是 LED 灯具还是 LED 驱动电源，都建议使用长寿命的电解电容。

6. LED 驱动电源温度保护

LED 驱动电源需要具有过温保护、自动降功率或断电保护的功能。驱动电源在内部温度达到保护设定值时需要自动降功率或直接断电保护，且故障排查后需要自动恢复正常工作。

LED 驱动电源作为 LED 灯具配用的主要关键零部件之一，LED 灯具的正常工作起到了至关重要的作用。当超高层建筑夜景照明使用的 LED 灯具在异常状态下工作时，如温度过热、电压升高，线路短路故障等异常状态时，可能会导致 LED 灯具的局部或整体都发生异常，长时间这样运行甚至会导致火灾等危害。此时 LED 驱动电源或 LED 灯具本身的相关控制芯片应进行自我保护，如热保护动作切断输出电压、自动降功率或直接断电的保护。这样既保护了 LED 灯具和 LED 驱动电源本身，又保护了财产和人身的安全。

LED 灯具在设计时，需选择符合设计要求的 LED 驱动电源，除了输入参数和输出参数，需重点考虑 LED 驱动电源的 t_a、t_c 和热保护温度等功能。

7. LED 驱动电源接口要求

LED 驱动电源应采用标准接口，并应便于安装、维护和更换。LED 驱动电源不仅需要符合基本的安全要求、电磁兼容要求，还应配有标准接口，方便信息传输和反馈，同时要便于安装、维护和更换。

4.5.2　LED 驱动电源电气性能

1. LED 驱动电源工作时输出电流设定值

LED 驱动电源正常工作时输出电流设定值建议为其额定值的 70%～100%，有利于提升效率，提高系统的功率因数，从而降低系统的电能损耗并优化设备配置。

从效率曲线图上可知，LED 驱动电源的最佳效率点在额定负载的 50%～80% 区间，为了节能，应使驱动电源尽可能工作在效率最高的区间。另外，从节约工程造价的角度出发，驱动电源正常工作的负载应尽可能接近额定负载（相同功率需求，可以减少驱动电源的使用量）。将节能减排、工程造价综合考虑，LED 驱动电源正常工作时的输出电流宜为额定值的 70%～100%。

2. LED 驱动电源在额定输入电压值波动下的稳定性

LED 驱动电源在额定输入电压值 ±10% 的波动和交流输入电压总谐波畸变率不大于 ±5% 的条件下的性能不应发生改变。

LED 驱动电源的性能稳定性和可靠性对于超高层建筑照明项目的整体运行至关重要，因此 LED 驱动电源需要在额定输入电压波动许可范围内以及电压总谐波畸变不超标的情况下保证性能稳定。公用电网的用电设备种类繁多，例如大型电机、焊机、感应加热炉等启动和卸载，会影响电网电源的纯净度（电压波形不是标准正弦波，内含其他频率分量）；电网在用电高峰和低谷期间的电压也不尽相同。《电能质量　电压波动和闪变》（GB/T 12326—2008）规定了电网的波动值：在电压变动频率 $r ≤ 1$ 时，10kV 及以下电源灯具电压变动限制值 $d ≤ 4\%$；在电压变动频率 $1 ≤ r ≤ 10$ 时，10kV 及以下电源灯具电压变动限制值 $d ≤ 3\%$。另外，依据《供电营业规则》第五十四条的规定：在电力系统正常状况下，供电企业供到用户受电端的供电电压允许偏差为：

（1）35kV 及以上电压供电的，电压正、负偏差的绝对值之和不超过额定值的 10%。

（2）10kV 及以下三相供电的，为额定值的 ±7%。

（3）220V 单相供电的，为额定值的 +7%，−10%。

在电力系统非正常状况下，用户受电端的电压最大允许偏差不应超过额定值的 ±10%。为了保证夜景亮化系统能够正常工作，LED 驱动电源额定输入电压值波动 ±10% 和交流输入电压总谐波畸变率不大于 ±5% 的条件下的性能不应发生改变的要求。

3. LED 驱动电源交流输入电压在额定频率波动下的稳定性

我国电网的工频频率为 50Hz，根据用电时段的不同、用电负荷的大小及电网稳定性，电压和频率都有可能出现短时的波动，如果 LED 驱动电源对电网频率变化的电压波动影响较大，此时就会影响到超高层建筑夜景照明系统，灯具输入端的 LED 驱动电源具备 ±3Hz 的频率波动范围后，即使电网发生异常情况，也会避免对 LED 灯具或整个照明系统造成长期影响，从而保证了照明效果。

《电能质量 电力系统频率偏差》（GB/T 15945—2008）提出了频率偏差限值，电力系统正常运行条件下频率偏差限值为 ±0.2Hz，当系统容量较小时，偏差限值可以放宽至 ±0.5Hz。

4. LED 驱动电源的谐波电流限值

LED 驱动电源的谐波电流限值应符合现行国家标准《电磁兼容 限值 第 1 部分：谐波电流发射限值（设备每相输入电流 ≤16A）》（GB 17625.1）的规定。谐波电流就是将非正弦周期性电流函数按傅里叶级数展开时，其频率为原周期电流频率整数倍的各正弦分量的统称。频率等于原周期电流频率 k 倍的谐波电流称为 k 次谐波电流，$k>1$ 的各谐波电流也统称为高次谐波电流。

要求 LED 驱动电源的 2～40 次谐波电流分量在特定负载比例的情况下总谐波畸变率不能够超过允许的百分比。驱动电源的谐波电流限值应该符合额定电压下总谐波畸变率限值（GB/T 17625.1）中第 7 章中 C 类设备的规定，且在额定电压下其总谐波畸变率不应超过表 4−8 规定的限值。

表 4−8 额定电压下总谐波畸变率限值

功率范围/W	负载比例（%）	总谐波畸变率（%）
$5<P\leqslant75$	100	15
	75	20
	50	25
$P>75$	100	10
	75	15
	50	20

注：本标准为 2～40 次谐波电流分量。

5. 独立式 LED 驱动电源启动电压及电流

独立式 LED 灯具驱动是指一拖一（即一个驱动电源仅供一套灯具）的驱动电源，集中供电式的驱动电源不在本条范围内。

LED 驱动电源在启动瞬时其输出端可能会有短暂的电压和电流过冲现象，超高层建筑照明由于会采用大量 LED 驱动电源及灯具，因此需要对这种过冲现象的过冲幅度予以限制，否则很容易造成电子元器件的损坏，从而影响项目长期运行的可靠性和稳定性。本条要求独立式 LED 驱动电源启动的最大瞬时输出电压或电流的过冲幅度不应超过额定值的 10%。

6. 独立式 LED 驱动电源功率因数

功率因数是指驱动电源所消耗的有效功率和视在功率的比值。在电力系统中，若驱动电源的功率因数较低，负载要产生相同功率输出时所需要的电流就会提高。当电流提高时，电路系统的能量损失就会增加，而且电线及相关电力设备的容量也随之增加。为了提高整个电力系统的效能，本规程规定了驱动电源在不同负载比例的条件下的功率因数的最低限值。

电源效率是指驱动电源的输出功率和输入功率的比值，电源效率除了影响驱动电源的电能利用率外，效率越低的电源发热量也会越大。

4.5.3 LED 驱动电源抗雷击浪涌性能

LED 驱动电源的防雷性能需要满足如下两种情况：

（1）安装在室外的 LED 驱动电源（含适配的防雷器）在差模 4kV、共模 6kV 的实验条件下，应能满足 GB/T 17626.5—2019 附录 D 中 b）类的要求。

（2）安装在室内的 LED 驱动电源（含适配的防雷器）在差模 1kV、共模 2kV 的实验条件下，应能满足 GB/T 17626.5—2019 附录 D 中 b）类的要求。

注：b）类产品是指功能或性能暂时降低或丧失，但不需要操作者干预的情况。

结合抗雷击浪涌性能对超高层建筑的特殊性和重要性，结合大量超高层项目案例的调研结果，在本规程中针对 LED 驱动电源的抗雷击浪涌做了更高的要求，具体为：第一，将原标准中的差模 4kV、共模 6kV 的实验条件提高为差模 6kV、共模 10kV；第二，超高层项目中大部分驱动电源虽然装在室内，但其所驱动灯具大部分仍然安装在室外空间，故对安装在室内空间的驱动电源均按室外空间要求。

需要注意的是本条的抗雷击浪涌要求并不是只针对 LED 驱动电源的单独要求，而是在必要时需要通过增设适配的防雷器来达到。对于雷击浪涌具体试验方法和内容请参见标准《电磁兼容　试验和测量技术　浪涌（冲击）抗扰度试验》（GB/T 17626.5—2019）。

第5章 照明配电及控制

5.1 配电系统设计

5.1.1 配电基本要求

1. 配电

照明负荷应采用独立的配电线路供电，负荷计算应包括照明灯具和电器附件的功耗。建筑内通常有电力、空调、照明等负荷，由于使用功能、性质、负载特性、负荷等级及供电要求的不同，各类负荷应由各自的配电系统供电。照明负荷有一般照明、公共照明、应急照明、景观照明等，应根据各类负荷的特性和使用功能、负荷等级及供电要求分别形成配电系统，并采用各自独立的配电线路供电，不应与其他负荷合用配电电缆。夜景照明负荷计算需要包括驱动电源、控制器、灯具和电器附件等设备的功耗。

交流配电的一般场所灯具的电源电压应采用 AC 220V，1500W 及以上的高强度气体放电灯的电源电压宜采用 AC 380V；1500W 及以上的高强度气体放电灯供电电压建议采用 AC 380V，可以降低传输电流，减少线路损耗，降低电压损失，增大传输距离。

照明灯具端电压建议不高于其额定电压值的 105%，不低于其额定电压值的 90%，以保证灯具正常工作，与照明灯具的参数相匹配。端电压超过其额定电压值的 105%会缩短光源和灯具附件的使用寿命；端电压低于其额定电压值的 90%，会影响光源（LED 光源除外）的出光效率，使光通量下降，照度降低，甚至使气体放电灯不能可靠工作。若采用金属卤化物灯照明，端电压为额定电压的 90%，则该金属卤化物灯的实际光通量为额定光通量的 72%。

室外安装的照明配电箱、控制箱应采用防水、防尘型，防护等级不应低于 IP 54，箱内元器件应满足在室外环境工作的要求。户外照明装置需承受各种恶劣环境条件的影响，如雨淋、日晒、风吹、极端低温等气候条件以及当地某些腐蚀性气体和尘土的危害，因此规定室外安装的照明配电箱、控制箱应采用防水、防尘型，防护等级不应低于 IP 54，箱内元器件应满足在室外环境工作的要求。

超高层建筑夜景照明应安装独立的电能计量装置，基于收费管理和节能测评提出应设置独立的电能计量装置，其计量的灵敏度应满足收费管理和节能测评的需求。

2. 安全特低电压

安装于人员正常活动时容易触及的夜景照明装置，应采用安全特低电压（safety extra low voltage，SELV）供电。若无法采用安全特低电压供电时，应采取防意外触电的保障措施。IEC将户外照明装置列为电击危险大的特殊装置，这是因为户外照明装置需承受各种恶劣环境条件的影响，如雨淋、日晒、风吹、极端低温等气候条件以及当地某些腐蚀性气体和尘土的危害，同时还暴露在不懂电气安全的公众面前，也易受鸟类或其他动物的触动，这些不利因素使它易受机械损伤，其绝缘水平也易下降，从而导致电气事故的发生。户外照明装置通常处

效节约能源，为用户进一步节能改造或设备升级提供准确的数据支撑；系统应具备统计、报表、分析、查询、负荷数据显示、实时抄表、用电分析等资产管理功能，如图5-4所示。参照标准《电脑信息采集与管理系统　第3-5部分：电能信息采集终端技术规范　低压集中抄表终端特殊要求》（DL/T 698.35—2010）、《电能信息采集与管理系统　第4-1部分：通信协议主站与电能信息采集终端通信》（DL/T 698.41—2010）。

5.2.2　控制设备

1. 控制设备基本要求

控制设备可分为主控设备、分控设备及信号中继设备等。弱电控制系统构架由三部分组成，即主控、分控、信号中继器。主控设备一般集中放置在消控室，可以通过网络监测下端设备的工作状态，向下端设备发送数据，对节目信息进行编组、管理。分控设备一般放置在楼宇的设备层、弱电间，主要作用是数据下发、存储、数据反馈。信号中继设备一般就近放置在灯具附近，或者集中放置在弱电间，信号中继设备主要是对分控传输过来的信号进行整形、放大，需具备隔离的功能，能有效滤除杂波，防止感应雷等其他不利电磁波对控制器的影响，对主控设备起到保护的作用。

控制设备应能长时间不间断地稳定工作，满足不同项目的施工要求。在某些特殊情况下或是受现场施工环境影响，由于项目的进度要求、调试要求，无法做到所有设备分开供电时，设备可能需要长时间供电。在节日或重大特殊日子，为确保供电正常无间断，设备提前或延后长时间工作，设备宜采用工业级设备，采用宽温设计、防护等级高等，以适应各种严苛复杂的工作环境。

2. 主控设备

主控设备（图5-5）宜提供开放接口，并可实现照明系统与其他系统的联动控制。主控设备开放接口与其他系统集成（如城市照明管理系统、楼宇控制、安保、消防报警系统等），接口协议为TCP/IP协议、Art-Net协议等。开放接口有基于数据的Web开放接口（或称API接口）以及基于协议的工业标准接口（或称OPC接口）等不同类型，具体需要根据项目实际情况来选择适合的开放接口种类。

图5-5　主控设备

主控设备的统一可以降低各系统造价，便于信息分析、归类、判断、处理与维护，创造一个高效的工作环境，同时可以节省日常管理的各项费用和能耗，提高建筑的管理水平。

主控设备输出及分控设备输入信号应能兼容包括但不限于 Art−Net、sACN、KiNet 等主流控制协议。其中，Art−Net 是一种基于 UDP/IP 协议的以太网协议，目的在于使用标准的网络技术在广域网内传递大量的 DMX 512 数据，因此也叫 eDMX 协议，为目前广泛采用的灯光控制协议；sACN 是一个基于以太网传输的国际标准协议，其目标并不局限于灯光领域，也将同时运用于音响控制和舞台机械设备等；KiNet 协议是由 ColorKinetics 开发的开源灯光协议，其开放性和先进性也成为大部分国家的控制设备厂家所支持的以太网协议。

部分项目体量比较大，项目周期长，且有些项目还会存在不同时间段实施的情况。这种情况下，会有多个厂家供应设备，分控设备的输入信号主要有 TCP/IP 协议、Art−Net 协议等，为了使信号能够完整顺利地传输，在传输信号多样化的前提下，主控设备和分控设备输入信号就需提前明确具备的兼容能力。

3. 分控设备

分控设备（图 5−6）输出信号宜采用标准 DMX 512/RDM 协议，以便能够兼容具有标准 DMX 512/RDM 协议的灯具。DMX 512 协议建议采用 DMX 512−A。

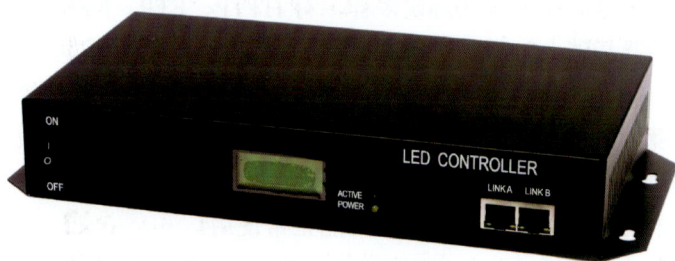

图 5−6　分控设备

分控设备需要负责将主控设备输出的控制协议转换到灯具设备所能接受的输入信号，因为超高层项目中通常会采用各种不同的灯具种类，开放性与兼容性必不可少，因此，采用标准 DMX 512/RDM 有如下优势：① 确保所有的灯具控制的兼容性；② 确保项目长期的可维护性；③ 为项目以后的升级提供可能性。

分控设备应具备 IP 地址、设备名称标识识别和管理的能力，宜具备检测和测试灯具控制回路受控情况的能力。超高层建筑夜景照明体量大，控制系统复杂。分控设备需要具备 IP 地址、设备名称标识识别和管理的能力，同时控制设备和灯具需带有侦测反馈功能，以达到具备检测和测试灯具控制回路受控情况的能力，便于项目问题的排查。

分控设备及信号中继设备宜采用信号与供电整合的方式输出到受控设备。模块标准化，连接接口和一致的输入输出，便于采购、生产、提前预留空间和简化安装程序，同时线路整合简化了项目的布线系统，减少现场施工工作量，方便维护。

分控设备应具备隔离分支网络干扰信号的能力，不应对主干网络产生干扰。在智能照明系统中，会有一系列的干扰源，对信号传输产生影响，导致系统故障甚至瘫痪，有些干扰还可能会对设备造成损坏。信号的干扰源主要有强共模干扰、匹配干扰、硬件故障和线路故障，这些干扰源会对信号的传输产生影响或是外部感应雷对设备造成损坏。为避免这些干扰，需采用分级隔离的措施，分支网络是灯具到分控之间采用物理隔离的方式，主干网络是分控设备端口内部进行隔离处理。避免对主干网络产生干扰，以保证整体系统不因局部故障而瘫痪。

5.2.3 通信网络

1. 通信网络架构

主控设备与分控设备的主干通信网络架构应遵循 TCP/IP 架构系统，网络通信设备及网络交换机应采用不大于 3 级的网络通信链路，所有网络设备均应采用工业级通信设备。

二层交换：用于小型的局域网络。在小型局域网中，广播包影响不大，具有快速交换功能、多个接入端口为小型网络用户提供了很完善的解决方案。路由器的优点在于接口类型丰富。

三层交换：适合用于大型的网络间的路由，它的优势在于选择最佳路由，负荷分担，链路备份及和其他网络进行路由信息的交换等功能，加快大型局域网络内部的数据的快速转发。

第四层交换：它传输的业务服从协议多样，有 HTTP、FTP、NFS、Telnet 或其他协议。这些业务在物理服务器基础上，需要复杂的载量平衡算法。

工业级的设备一般是为了满足工业领域应用，采用宽温设计，防护等级高，能适应各种严苛复杂的工作环境，提供高性价比的以太网通信。工业级与商用级在数据交换功能上基本一致，但工业级器件除温度范围外还有其他商用不关心的重要指标，如强度、耐冲击、EMC 等方面的要求。在振动和跌落试验后，器件还能正常使用。

2. 通信协议

主控设备到分控设备之间的主干通信网络宜采用 Art-Net、sACN、KiNet 等通信协议；分控设备、信号中继设备与灯具之间的分支通信网络宜采用标准 DMX 512/RDM 标准通信协议。Art-Net 是一种基于 TCP/IP 协议栈的以太网协议，目的在于使用标准的网络技术允许在光域内传递大量 DMX 512 数据。

sACN 协议标准是由美国娱乐服务和技术协会在制定 ACN 协议后制定的介于 DMX 512 和 ACN 之间的过渡协议。它通过使用 ACN 整体协议中的一部分用于在 TCP/IP 网络中传输 DMX 512 数据包，利用单播或多播地址传输数据链来控制调光器。

DMX 512 协议是由美国舞台灯光协会（USITT）提出的一种数据调光协议，它给出了一种灯光控制器与灯具设备之间通信的协议标准，因其在 1990 年提出，所以协议的全称是 USITTDMX 512（1990）。

国内目前采用的标准是《DMX 512-A 灯光控制数据传输协议》（WH/T 32—2008），其对主控机控制信息的数据格式以及物理层都做了严格的规定，给各种灯光变化控制提供了统一的标准接口。

解决超高层建筑夜景照明用灯量多、建筑高、日常维护检修非常困难。为了让操作者能通过系统了解到相关末端设备信息，RDM 具有状态监测管理功能，标准参考 ANSI E1.20—

2010。控制系统建议能反馈每一套灯具的运行状态并进行故障定位，以系统软件显示、邮件或短信等方式提示故障信息的功能，方便快速定位，快速检修，利于维护建筑夜景照明形象。

3. 通信线缆

控制系统主干网络通信应采用标准 CAT-5e/CAT-6 线缆传输，其通信带宽不应小于100Mbit/s，响应速度不应大于 10ms。采用光纤时，宜采用单模铠装光纤。cat5e 和 cat6 是两种不同类别的网线，但是两者的工作原理相同，快速以太网的 100Base-TX 规定，其通信速率为 100Mbit/s，如果网络带宽有限，那么数据在通过 TCP/IP 协议传输过程中，就会出现排长队的情况接收到数据就会延迟。

随着技术进步和经济发展，超高层建筑不断涌现，作为现代城市中的地标，超高层建筑正不断地改变着城市的经济结构与景观规模。截至 2024 年，中国大陆地区已建成和封顶的200m 以上超高层建筑达到 1261 栋，规划与在建 200m 以上的有 189 余栋，其中规划与在建600m 以上的有 6 栋，例如已建成的上海中心大厦，其总高度为 632m，而多模千兆光纤一般传输距离为 550m，达不到项目要求。使用单模光纤最大可达 3km，一般敷设在建筑机房井内，建议采用单模铠装光纤，优点为高抗拉，高抗压，防鼠咬；具备可抵抗不当的扭转弯曲损坏；施工简便，节约维修成本；适应各种恶劣环境与人为损坏。

分控设备、信号中继设备与受控终端设备之间的分支通信宜采用标准 EIA-485 通信线缆传输。EIA-485 电气特性规定为 2 线、半双工、平衡传输线多点通信的标准。可以在有电子噪声的环境下进行长距离有效率的通信。在线性多点总线的配置下，可以在一个网络上有多个接收器，因此适用在工业环境中。

控制系统分为总线式拓扑结构、星形拓扑结构、树形拓扑结构，当分支距离过长时，可以利用中继器隔离，从而有效地保证总线通信的稳定性。同时 EIA-485 网络中的每一个设备都必须通过一个信号回路连接到地，以减少数据线上的噪声，数据线最好由双绞线组成，并且在外面加上屏蔽层作为地线，将 EIA-485 网络中设备连接起来，并且在一个点可靠接地。

4. 控制系统安全性

控制系统应具备分区逐步开关灯具配电回路的功能。开关电源在开机加电时由于需要为滤波电容充电，会瞬间产生较大的瞬时电流，且开关电源越多，瞬时电流越大，此冲击电流对于电网、供电设备均有较大干扰。而分区逐步供电通过减少同一时间开机数量，可有效地降低因瞬时电流过大而对电气设备产生的影响。

控制系统宜具备运行状态实时监测、故障告警及反馈功能，并宜符合下列规定：宜能反馈每一套灯具的运行状态并进行故障定位；宜支持以系统软件显示、邮件或短信等方式提示故障时间、故障位置、故障类型、故障数量等关键信息。可以降低维护成本，同时利于维护建筑夜景照明形象。

主干通信网络与公共网络间应采用物理隔离或设置防火墙等措施保障系统安全运行。超高层建筑夜景照明在城市夜景中影响力大，特别是媒体立面的照明方式比较多，如果出现恶意入侵，将会产生非常大的负面影响，所以控制系统需要采取严密的安全措施，可根据《信息安全技术　网络安全等级保护定级指南》（GB/T 22240—2020）确定适用的安全保护等级，

化效果即动画，可以是简单的变色、追光，抑或是有画面和内容的故事演绎；从方案设计到落地实施，可划分为设计效果动画和上墙片源动画，基于设计师的设计经验、产品性能、控制方式、观看视角等现状条件，两者之间或许在一定程度上会存在差异，如颜色差异、显示像素清晰与否差异、计算机显示观看与现场观感差异等。根据方案效果逐个验收，原则上要求上墙动画要完整地体现设计动画的所有内容，但不仅限于此，根据实际情况，报业主审核同意，可做相应内容和形式上的调整。旨在约定对项目验收的客观性和权威性，也是建筑行业的通用方式，如合同或管理单位有详细约定，应以约定为准。测试记录除应包含必要的测试数据外，还应包含测试时的天气情况、光环境情况、测试设备的规格型号等信息。测试时不同的天气情况，雷电雨雾或者是风沙天气，会影响夜景灯光效果的测试，降低眩光影响，降低亮度、照度等参数；不同的光环境也会对夜景灯光效果产生很大影响，周边环境及背景的明暗会影响主体所需的灯光照度。如果周边很暗，则需要普通亮度的灯光就足以照亮主体；若周边很亮，则灯光就必须加强才能够凸显主体。不同测试设备的规格型号具有不同的测量范围及精度误差，对检测的参数存在影响，为保证检测的准确性跟合理性，测试记录除了记录照度、亮度、颜色、均匀度、眩光等照明评价指标，还应包括测试时的天气情况、光环境情况及测试设备的规格型号信息。避免其他客观因素的影响，以便于准确地判断效果是否符合设计要求。测试数据与天气情况、光环境情况及测试设备的规格型号等有关，因此测试记录应包含上述信息。现场测试的记录应采用专用原始记录纸，并应有检测人员签名，检测记录数据应准确、字迹清晰，不应追记，当用仪表记录时，应符合有关技术要求。

2. 工程验收

单位工程完工后，施工单位应依据验收规范、设计图纸等组织有关人员进行自检，对存在的问题自行整改处理，合格后填写单位工程竣工验收报审表，并将相关竣工资料报送项目监理机构申请预验收。总监理工程师应组织各专业监理工程师审查施工单位报送的相关竣工资料，并对工程质量进行竣工预验收。存在施工质量问题时，应由施工单位及时整改。整改完毕且复验合格后，总监理工程师应签认单位工程竣工验收的相关资料。项目监理机构应编写工程质量评估报告，并应经总监理工程师和监理单位技术负责人审核签字后报建设单位。竣工预验收合格后，由施工单位向建设单位提交工程竣工报告和完整的质量控制资料，申请建设单位组织工程竣工验收。工程竣工预验收由总监理工程师组织，各专业监理工程师参加，施工单位项目经理、项目技术负责人等参加。建设单位收到工程竣工报告后，应由建设单位项目负责人组织监理、施工、设计、勘察等单位项目负责人进行单位工程验收。

竣工验收应具备下列条件：完成建设工程设计和合同约定的各项内容；有完整的技术档案和施工管理资料；有工程使用的重要建筑材料、建筑构配件和设备的进场试验报告；有勘察、设计、施工、工程监理等单位分别签署的质量合格文件。

安装单位需提供系统竣工图、布灯点位图、系统密码、IP配置表、系统操作手册，应包含但不限于系统概述、运行环境、系统设置、操作步骤、日常运维注意事项、系统常见问题及解决办法等章节内容。系统操作手册应有电子版和纸质版，电子版附表中应包含系统安装包、系统运行必要插件的安装包或安装包的下载链接。竣工图应提供电子版并打印蓝图提交建设方存档，蓝图份数参照建设方要求。为保证照明系统正常使用，安装单位需编制系统操作维护手册，包括设备清单（含备品备件明细表）、设备使用说明、设备检查方法及维护周期。设计变更、工程洽商记录及图纸会审记录等重要文件应一并提交建设方存档。工程验收时，安装单位应提交下列技术资料和文件：

（1）竣工图。

（2）系统操作维护手册。

（3）设计变更、洽商记录文件及图纸会审记录。

（4）产品合格证、3C 认证证书、检测证书，照明设备电磁兼容检测报告；进口设备的商检证书和中文的质量合格证明文件、检测报告等技术文件。

（5）检测记录：绝缘电阻检测记录；照度、照明功率密度检测记录；剩余电流动作保护装置的测试记录。

（6）实验记录：照明系统通电试运行记录；有自控要求的照明系统的程序控制记录；质量大于 10kg 的灯具固定装置的载荷强度实验记录。

（7）隐蔽工程验收文件。

现场验收应包括下列内容：导管、线槽敷设；配电箱、柜安装；灯具设备安装；控制系统设备安装；电缆头制作、导线连接和线路绝缘；管线出墙、电缆接头、灯具固定等防水措施；接地装置。导管敷设、封闭式金属线槽敷设、缆线敷设、配电箱/柜安装、灯具设备安装、安全保护和通电试运行等的质量验收应由监理单位主持，并应要求安装单位项目技术负责人、建设方等参加。质量验收应由监理单位主持，安装单位项目技术负责人、建设方等参加，对导管敷设、封闭式金属线槽敷设、缆线敷设、配电箱/柜安装、灯具设备安装、安全保护和通电试运行进行验收，现场检查是否满足设计要求；是否满足相关的设计规范；对人员有安全隐患的地方，是否做了防护措施；通电试运行是否运行稳定等；有质量隐患的需安装单位整改，整改后再进行验收。

智能开关控制系统应调试正常，对回路开关的远程控制应能准确与现场回路一一对应，特别是无线控制，要确保无线信号能通畅传输，并且信号稳定、开关的运行状态和故障反馈等信息，要能在机房能及时查询，故障信息应有明显的提示。检测控制系统相关功能是否正常，如系统的控制和联锁程序数据不稳定或出现器件故障时，应立即停止系统工作，检查原因并进行处理，再次投入使用应经过试验完全满足要求方可投入使用。

动态控制系统对场景控制应准确及时，主控软件操作应正常。进行场景切换时，场景切换应及时准确，调试时应确保每种灯具能按设计的场景亮灭，动态演绎时，要确保控制不受人流量的影响，每栋楼能同时切换，不能出现卡顿或者慢半拍现象，影响表演质量，主控软件操作应正常，操作人员应能熟练地掌握软件的使用，硬件配置要能满足操作的需要。

6.2.3 运行及维护

为保证照明系统正常使用，施工单位需制定系统运行维护手册，包括：运行数据、日常检查及照明效果记录；日常维护和故障原因记录；设备更新和检修记录。工程验收时移交的技术资料包括竣工图纸、监控系统设备产品说明书、监控系统电表、调试方案、调试记录、监控系统技术操作和维护手册等。

管理部门应建立夜景照明管理维护制度，明确维护管理专业人员的职责，并应建立巡视、检查、记录和及时处理的制度。为保证监控系统的正常使用，还需要根据实际情况建立健全相应的规章制度，包括岗位责任制、突发事件应急处理预案、运行值班制度、巡回检查制度、维修保养制度、事故报告制度等各项规章制度，还应有主要设备操作规程、常规运行调节总体方案、机房管理制度等，并应定期检查规章制度的执行情况且不断完善。运行维护管理办法应根据实际情况制定完善管理措施，保证建筑照明系统的正常使用，同时尽最大可能地降低由于设备维护与检修给建筑正常运营带来的负面影响。对于维护与检查应留有客观准确的记录文件，正确体现系统运行状况，为维护工作持续有效开展提供准确资料。

管理部门或运维部门人员应接受照明设备和系统的运行和维护培训。工程项目交付使用时，安装单位应派技术人员为建设单位或者使用单位的管理部门或者运维部门人员进行软件和硬件部分全面性技术培训，重点培训照明设备和系统的操作步骤、日常运维注意事项和紧急故障处理措施等。管理部门或者运维部门人员应掌握对系统的操作、维护、检修技能。管理部门或运维部门人员应做好岗前培训，具备一定的专业知识，熟悉操作规程并了解系统设备的原理和性能。运维人员经过专门培训且考核合格后才能上岗。

运维部门应建立技术管理资料、照明设备设施明细表，并应定期进行照明系统巡检、清洁等。运维部门建立健全的技术管理资料档案，方便随时查阅，照明设备设施应有明细表，详细记录照明设备设施的名称、规格参数、单位、数量、使用位置、备品备件等情况。按维护计划定期对照明系统进行巡检、维护、保养、清洁等工作，并有维护保养记录。系统的运营维护是保证项目长期稳定运行的基础，应定期对灯具、配电及控制系统设备进行检查和清洁，在线路检查时，应将相应设备的电源关闭，需要带电进行的应做好防护工作及紧急处理措施，且现场应有两人及以上进行操作和监护。

在恶劣天气环境下，应关闭建筑夜景照明。暴风雨等恶劣天气，容易造成灯具损坏、进水或水淹，管线接头松脱，极易发生安全事故，因此需关闭夜景照明。

雷电天气对控制设备的影响：

（1）雷直击损坏：雷电直接击中电子设备造成设备烧毁以及损坏，若落雷点为电源高电压侧，雷电沿供电线路侵入到电子设备系统供电部分，产生过电流与过电压造成损坏。雷电直击网络无线通信的天线，沿天馈进入网络系统，造成通信接口、接收系统、路由器等网络主要通信设备损坏。

（2）电磁脉冲造成信号干扰以及损坏：雷电所产生的电场和磁场能够耦合到电器或电子系统中，从而产生干扰性的浪涌电流或浪涌电压，对信号的传输造成影响，或者其产生的高电位损坏电气设备及电子设备，严重时产生电弧、电火花而引起火灾。

（3）大雪、强降雨天气对控制设备的影响。

（4）低温对电子元件损坏（大雪）：电路板及其电子元器件（电容、电阻、芯片等）均有工作温度要求，低温会改变其组成材料的物理特性，导致芯片无法工作，可能会对其工作性能造成暂时或永久性的损害。

（5）低温对电源损坏（大雪）：低温环境下，电池的极化现象严重，放电不完全，放电容量减小，放电电压降低，影响电池寿命和性能。

（6）高湿度损坏（强降雨天）：空气中的水分附着在绝缘材料表面，使电子产品的绝缘电阻降低，内部有积尘吸附水分，潮湿程度将更严重，绝缘电阻更低。设备的泄漏电流大大增加，甚至造成绝缘击穿，产生事故。

暴雨、暴雪和飓风等自然灾害发生后，应立即组织巡检，未进行检查前不宜启动夜景照明系统。暴雨、暴雪和飓风等自然灾害的发生，可能会对照明系统产生破坏，造成灯具、开关电源、控制器等设备损坏，管线脱落，供配电系统异常等问题，如果没有巡检就直接启动夜景照明系统，可能会发生事故，造成一定的损失。当暴雨、暴雪和飓风等自然灾害后，第一时间对户外灯具及设备、线路进行检查。确认无安全隐患后，开启照明系统。

夜景照明系统的软件、网关接口和各控制器的运行数据和历史记录应进行备份，且应备份最近不少于三个月的数据。

运行和维护应详细记录供配电系统、管线、灯具、控制系统及其他方面出现的问题及处理措施。运行维护记录单模板见表6-1。

表6-1 运行维护记录单模板

项目名称		日 期		
维护人员				
项目	内容	现场问题记录	处理措施	备注
供配电	配电箱、控制箱内元器件检查			
	各回路电压及电流是否正常			
	漏电开关动作灵敏性检查			
	配电箱、控制箱除尘			
	户外配电箱、控制箱防水、密封检查			
	户外配电箱、控制箱锈蚀检查			
	户外配电箱、控制箱箱内温度检查			
	接地检查			
管线	线管是否有脱落检查			
	线管是否有破裂、线缆外露检查			
	线盒是否有积水检查			
	线槽盖板关闭固定是否正常			
	是否漏电检查			
灯具	灯具、固定件锈蚀、破损情况检查			
	灯具固定失效、脱落悬空情况检查			
	灯具清洁			
	灯具是否正常工作检查			

塔高 468m。正式亮灯于 1994 年 10 月 1 日。它的设计灵感来自中国的博大文化。该塔位于黄浦江右岸的浦东陆家嘴地区，与外滩隔江相望。从远处看，它印证了"大珠小珠落玉盘"的美好意境，是上海的地标建筑。上海东方明珠广播电视塔是浦东开发开放后第一个重点工程，仅在建成后 10 年内就接待了 295 位外国首脑，举办了近 100 次世界级重要会议和 300 多场大型活动，已成为上海对外宣传的重要窗口。

上海东方明珠广播电视塔集广播电视信号发射、观光、餐饮、购物及娱乐为一体，是国家首批 5A 级旅游景区。塔内有太空舱、旋转餐厅、上海城市历史发展陈列馆等景观和设施，1995 年被列入上海十大新景观之一。上海东方明珠塔历年灯光改造概览见表 7-2。

表 7-2   上海东方明珠塔历年灯光改造概览

年份	改造名称	内容
1994	—	正式亮灯，采用传统金卤灯及光导纤维
2003	灯具设备更新	上球体、下球体处光导纤维更换为 LED 点光源
2010	灯具设备更新	太空舱处新增 LED 点光源
2011	灯具设备更新	将 410m 处传统金卤灯具更换成 LED 灯具
2014	整塔灯光改造	整塔灯具及控制系统更新
2022	灯具设备更新 控制系统升级	新增国际舞台标准 DMX512+RDM 协议的光束灯（36 套）与激光灯（2 套）；采用互联网+物联网技术、新一代通信技术、边缘计算等新技术和新方法的总控系统

2. 设计策略

上海东方明珠广播电视塔的灯光变化分为一年四季四个部分，每个季节有一个主色调，每周有七种不同的色系，让五湖四海的游客感受到东方明珠电视塔的灯光每天都独具特色，仿佛感受到热情的上海人民欢迎八方来宾，也反映着上海七彩斑斓的精彩生活，如图 7-1 所示。每年的节假日都有特殊的灯光场景效果，这些灯光场景使东方明珠塔的夜间形象变得极具立体、丰满，更加浪漫。每晚逢整点时刻，从广场踏步大屏至整体东方明珠电视塔都有 5min 左右的音乐灯光秀，灯光变化时而神秘，时而激情，时而浪漫，让游客充分感受到东方明珠塔那迷人魅力。

3. 技术控制

98m 标高灯具安装方式说明如图 7-2 所示。

东方明珠塔灯光控制应用了舞台灯光控制系统，对 4500 个独立点，15 000 个通道，进行实时控制，这对控制的要求是非常高的。特别是对数千套 LED 频闪灯也做到单点控制，使东方明珠塔在夜色更璀璨。灯具基本参数见表 7-3。

(a) 鸟瞰角度

(b) 人视角度

图 7-1　上海东方明珠夜景

东方明珠塔灯光改造区域从 0m 至 410m，主要使用灯具为 600W 大功率 LED 投光灯（RGBW，四通道）36 套、300W 大功率 LED 投光灯（RGBW，四通道）518 套、12W 点控 LED 频闪灯（5000K，二通道）2474 套、45W 点光源（RGBW，内含频闪灯，六通道）576 套、24W 点光源（RGBW，内含频闪灯，六通道）168 套、24W LED 线条灯（RGB，三通道）及备用 1800W 传统灯。

所有灯具都具备防广播电视信号干扰、防雷击耐高温低温。采用 O 型闭环控制布线，每个分控都含主、备两部分，DMX512 控制系统控制到每个通道。可即时控制全塔 LED 光源及塔前广场 1000m² LED 电子屏与音乐节奏的同步。

控制系统采用了互联网＋物联网技术、新一代通信技术、边缘计算等新技术和新方法的总控系统，能实时反馈分控及灯具工作状态，可精准地发现故障位置，节省 50%维修工作量。全新联控系统让原有灯具控制更精准地还原全色域，色彩表达更细腻。云端部署的数据存储于云端服务器中，数据可靠性高达 99.99%。灰度变化 0～255 线性调光，无频闪，表达更丰富，场景效果程序切换低于 0.01s，响应更及时，并可与市集控互联互通。

对于光束灯与激光灯的表现，采用低功率的光束灯与激光灯，在方案设计中把光束灯与激光灯设置在电视塔 288m 及 350m 两个点位，起始高度已经高于普通住宅楼宇，同时在效果表现中，考虑到对居民居住环境的保护，严格控制灯光的摇摆角度，确保灯光不直接射向居民的窗户，以及不让光源直接照射到人的眼睛，防止影响周围居民的正常生活和车辆、船舶的安全行驶。

东方明珠塔原灯光主要以传统金卤灯为主，主要有 2000W、1000W 及 400W 等光源，总功率约为 570kW。

灯光改造后，98%使用 LED 光源，主要光源是 600W/300W LED 大功率投光灯，安装总功率约 300kW（554 套 LED 投光灯，2474 套频闪灯，744 套带频闪灯点光源等），节电约 270kW。

每天亮灯 4h，电费 1 元/（kW·h），则全年能节约电费：

$$270kW \times 4h \times 1 \, 元/（kW·h）\times 365d = 394200 \, 元 \approx 39 \, 万元$$

低功率的光束灯与激光灯，在新系统的控制联动下，能节省 10%能耗。

7.1.2 杭州世纪中心

1. 项目概况

西湖代表了婉约，钱江世纪城则是杭州现代化特征的体现。地处钱江世纪城核心位置的杭州世纪中心总建筑面积约 53.25 万 m²，由超高层双塔楼和商业街区组成，涵盖了星级酒店、行政公馆、总部办公等业态，商业区分为 block 区和 mall 区，是一个全能型综合体项目。建筑外观是以杭州拼音首字母"H"为外形的"双子塔"，处在杭州第 19 届亚运会主会场的中轴封面，以 310m 的高度成为杭州建成第一高楼和长三角双子塔第一高楼，被人们亲切地称作"杭州之门"。

2. 设计策略

以"城市之形、拱桥之意"为照明设计理念，在照明设计上综合考虑了钱江两岸之间的空间关系，使奥体博览城作为钱江新城光之轴的延伸。遥相呼应的两岸共同打造出星河璀璨的夜晚景象，同时赋予了杭州之门的城市意义。杭州世纪中心夜景如图 7-3 所示。

(a) 鸟瞰角度——白光模式

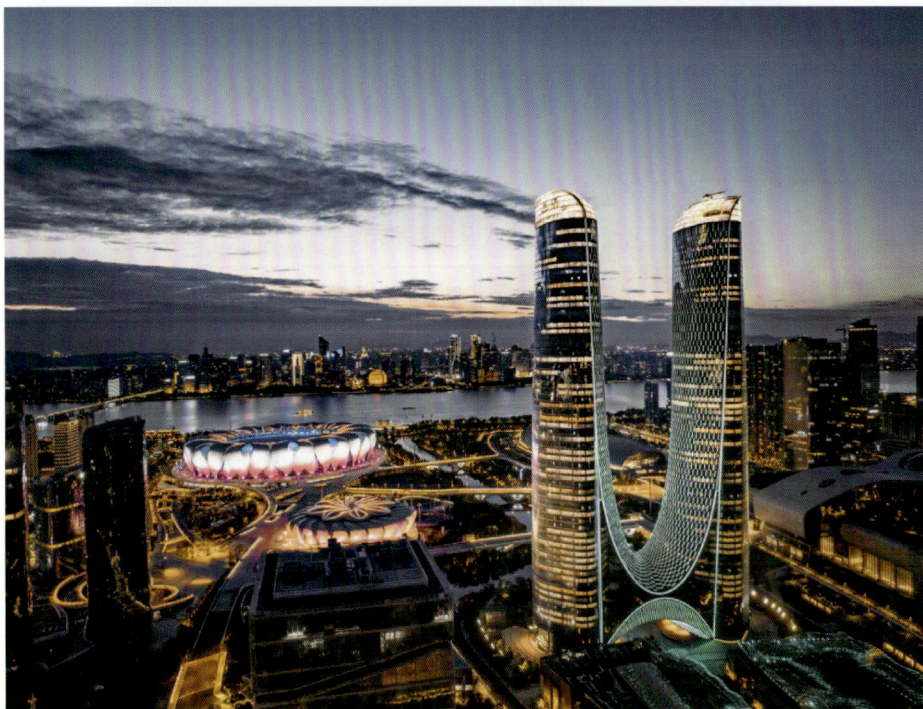

(b) 鸟瞰角度——彩色光模式

图 7-3 杭州世纪中心夜景（一）

（c）人视角度

图7-3 杭州世纪中心夜景（二）

开灯模式及能耗统计见表7-4。

表7-4 开灯模式及能耗统计

模式划分	开灯时间	开灯率（%）
重大节假日模式	18:00—21:30（冬令时） 18:30—22:00（冬令时）	100
平日模式	18:00—21:30（冬令时） 18:30—22:00（冬令时） 每周二、五、六亮灯	100
总功率/W	功率密度/（W/m²）	装饰照明占比（%）
855.78	16	95

杭州世纪中心的照明系统区别于常规的媒体立面模式，利用多元的复合系统去呈现视觉上的独特印象，下面按照建筑的主要分类进行描述。

（1）建筑冠顶。选择与幕墙结构相契合的线性投光灯，定制调整发光曲线，如图 7-4（a）所示。将简约的内透照明理念落地，以此方式突出城市天际线及杭州第一高楼的地标属性。

（2）建筑立面垂幕。整个立面垂幕灯具嵌入安装于单元式幕墙板块内，如图 7-4（b）所示。考虑到白天的观感效果，除了满足隐蔽嵌入安装以外，灯具外露发光面采用了定制液态亚克力，日景与幕墙颜色一致，夜间正常发光，同时保证了灯具的发光效率。

（3）建筑外侧立面。将 8×12 组大功率立杆投光灯安装在建筑两侧，并进行全角度的调试，以简洁的方式完成塔楼的外立面的照明，与内侧线性灯具的秩序排列相呼应，如图 7-4（c）所示。

（4）建筑月牙裙房。拱桥之下，鱼鳞状板材赋予建筑现代化属性，在白天亦是特色亮点，如图 7-4（d）所示。融入线性灯具后，在光照之下更具立体感。它以板材的自然外形为隐藏，配以未来感的光照设计，恰到好处地融合，不多也不少。

（5）商业群房飘檐。将江南花窗赋予商业建筑顶部，遮挡杂乱的顶部设施以外，又保证日间整体观感，将投光灯隐藏于建筑之中，使夜间灯光与主楼保持联动，必要又不过度，意在点睛。

(a) 冠顶灯具布置

(b) 立面垂幕布灯（局部）

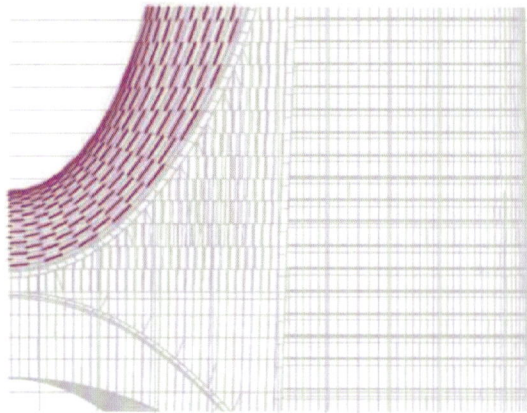

(c) 外侧立面投光

(d) 月牙裙房

图 7-4　杭州世纪中心照明细部（一）

(e) 商业裙房飘檐

图 7-4　杭州世纪中心照明细部（二）

3. 技术控制

主要灯具设备基本参数见表 7-5。

表 7-5　　　　　　　　　　灯 具 设 备 基 本 参 数

灯具类型	功率	光束角	光效/（lm/W）	光色	控制方式	安装区域
线型投光灯	24W/1.2m	20°×80°，内偏5°	R: 84.88 G: 243.09 B: 58.99 W: 147.64 RGBW 混光: 542.17	RGBW	DMX512	造型铝板
线型投光灯	88W/1.2m	20°×40°	90	4000K	DMX512	屋顶钢结构
线型自发光灯具	12W/1.2m	≥110°	R: 79.74 G: 82.43 B: 18.18 W: 79.74 RGBW 混光: 198.99	RGBW	DMX512	竖向线条
线型自发光灯具	12W/1.2m	≥110°	R: 22.80 G: 81.68 B: 18.00 W: 77.64 RGBW 混光: 195.63	RGBW	DMX512	侧面月牙
软灯带	12W/m	≥110°	R: 24.80 G: 89.33 B: 19.58 W: 84.48 RGBW 混光: 213.61	RGBW	DMX512	龙鳞侧面

续表

灯具类型	功率	光束角	光效/（lm/W）	光色	控制方式	安装区域
软灯带	12W/m	≥110°	75	4000K	DMX512	塔楼踢脚线
投光灯	300W	7°×7°	90	4000K	DMX512	塔楼外侧泛光
投光灯	300W	7°×18°	90	4000K	DMX512	塔楼外侧泛光
点光源	12W	≥110°	92	4000K	DMX512	双塔内侧上部
筒灯	25W	30°×30°	89	3000K	DMX512	桥腹入口天花
线型投光灯	18W/0.6m	10°×60°	88	4000K	DMX512	雨棚

典型灯具详细参数

灯具外形图

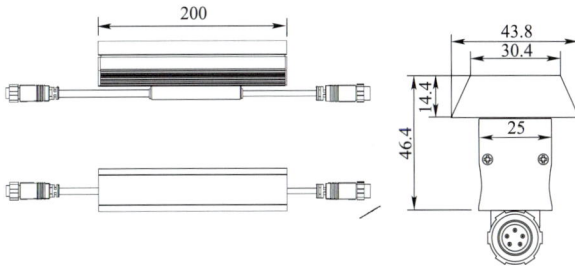

（a）尺寸图（单位：mm）

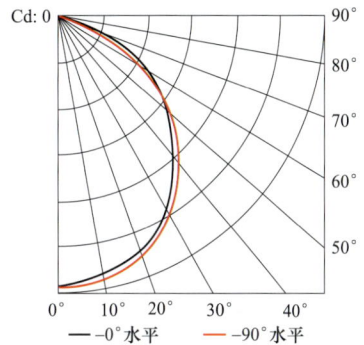

（b）配光曲线

本案例照明系统采用了一种不常见的 48V 供电方式，相较传统 24V 供电有较为显著的优势。比如变压器、分控器、管线数量分别对应减少了近一半，总体上在一定程度合理地节约了约 20%的成本。

如图 7-5 所示，由于幕墙造型铝板位置的灯具设计分析及目标考虑到高空风压及设计要求等因素，取消原先外置挡光板设计。综合平衡应用面效果及防眩光考量，保留灯具的倾斜出光面不变。在灯具内部增加防眩光挡片结构，并对该灯具的配光角度进行特殊处理，灯具倾斜 5°，且在安装槽内支架旋转可调角度 10°，支架用螺栓锁死支架防止改变旋转角度。

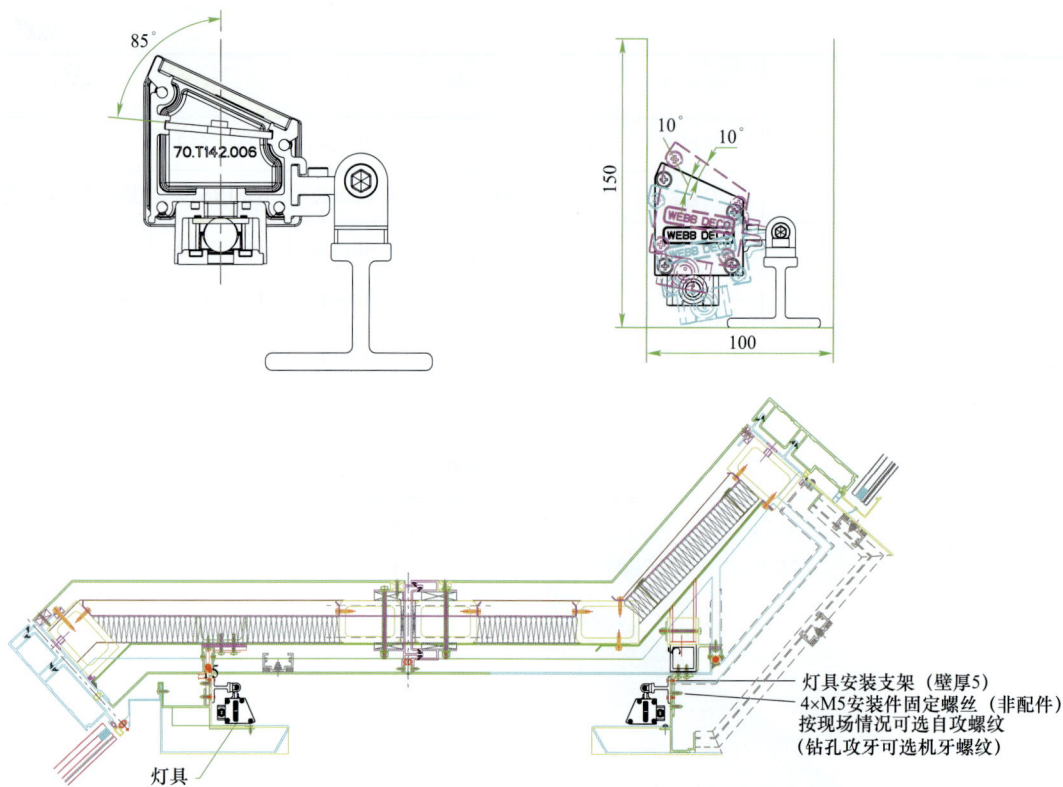

图 7-5　灯具构造及节点图（单位：mm）

灯具安装支架（壁厚5）
4×M5安装件固定螺丝（非配件）
按现场情况可选自攻螺纹
（钻孔攻牙可选机牙螺纹）

灯具

深化阶段针对节点数据建模（腔体宽 100mm×深 155mm），并模拟各种内置挡片结构后，以确保应用面效率不低于 50%，确保在眩光观察角 4°～22°不应有明显的眩光。灯具安装细部节点说明如图 7-6 所示。

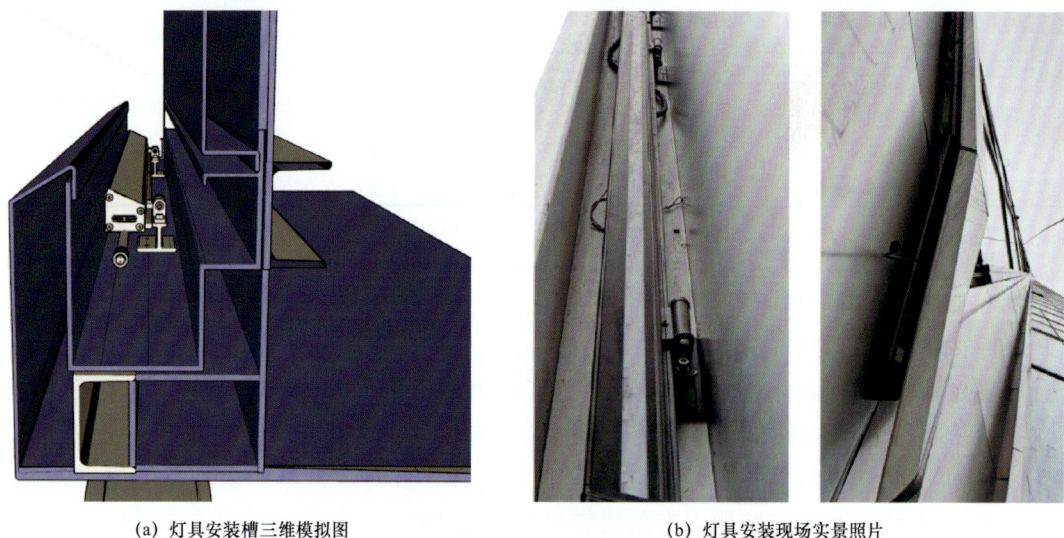

（a）灯具安装槽三维模拟图

（b）灯具安装现场实景照片

图 7-6　灯具安装细部节点说明

如图 7-7 所示，在建筑 U 形底部的龙鳞结构区域的灯具由于现场安装极其困难，采用在幕墙厂与幕墙同步安装的方式进行，灯具直接随玻璃幕墙一起安装到建筑立面。后续在建筑内部搭建平台，进行管线的连接和安装。另外，为解决灯具竖向连续安装可能存在的灯具下滑问题，在灯具安装防坠绳的基础上，在每块幕墙板的底部加装了固定防滑支撑码。

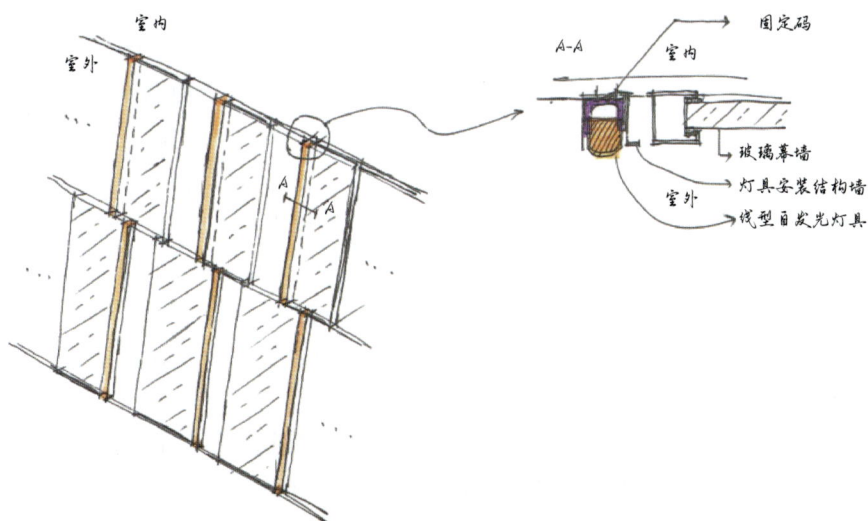

(a) 龙鳞结构区域节点手绘图

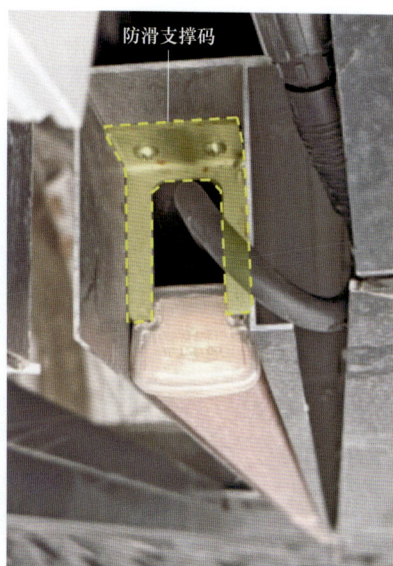

(b) 龙鳞结构区域节点细节示意图

(c) 细部完成效果

图 7-7　龙鳞结构区域细部节点说明

该项目使用非常规 48V 供电方式，实现最经济、有效、节能、安全的绿色建筑照明。

7.2 华南地区

7.2.1 深圳平安金融中心

1. 项目概况

深圳平安金融中心是中国平安人寿保险股份有限公司在深圳市中心区投资建设的总部大楼，占地面积 18 931m²，总建筑面积 46 万 m² 塔楼高度 592.5m，裙楼高度 52m，为深圳第一高楼，也是世界最高的办公写字楼建筑。深圳平安金融中心共 118 层，1～10 层为裙房，用于商业；11～118 层为办公区。

建筑的形态如同钢索被天空和地面同时拉伸、交织牵引而成。立面渐缩形成一个角锥体，赋予建筑棱柱形态的美感，8 个裸露在围护结构外部的复合巨柱加强了建筑形式。在建筑的顶部，塔尖采用斜切式钻石折叠，观光平台采用手风琴式折叠，犹如一把打开的折扇，美轮美奂，如同当下深圳的城市精神以及平安公司的核心价值"平"与"安"。

2. 设计策略

本项目整体照明以暖色调为主，顶部采用高色温高亮度探照灯，将"钻石"造型照亮，体现出晶莹剔透的照明效果，整体建筑亮度级别自上而下依次降低，突出建筑高大挺拔、庄严肃穆，如图 7-8 所示。建筑外立面采用 RGB 点光源照明，平时采用暖白光照明。节日、庆典时段可导入视频动画，呈现绚丽多彩的画面，为节日增添喜庆气氛。

开灯模式见表 7-6。

(a) 鸟瞰角度

图 7-8　深圳平安金融中心夜景（一）

(b) 人视角度（一）

(c) 人视角度（二）

图 7-8　深圳平安金融中心夜景（二）

表 7-6 　　　　　　　　　　　　　开 灯 模 式

模式划分	开灯时间	开灯率（%）
重大节假日模式	冬季：19:00，20:00，21:00 夏季：19:30，20:30，21:30	100
一般节假日模式	冬季：19:00，20:00，21:00 夏季：19:30，20:30，21:30	80
平日模式	周一至周四 19:00—22:00	60
深夜模式	—	—

3. 技术控制

灯具基本参数见表 7-7。

表 7-7　　　　　　　　　　　　　灯 具 基 本 参 数

序号	灯具/名称	灯具规格	电压/功率	色温	数量	安装部位
1	嵌入式可调角度筒灯	163-TC-PS-15 15°	220V HCI-T 35W G8.5	3000K	6套	裙楼
2	嵌入式可调角度筒灯	163-TC 27°	220V HCI-T 70W G8.5	3000K	7套	裙楼
3	嵌入式可调角度筒灯	163-TC 55°	220V HCI-T 35W G8.5	3000K	26套	裙楼
4	嵌入式筒灯	80036-VW-35 60°	220V HCI-TC 35W G12	3000K	12套	裙楼
5	投光灯	FGD025.008　30°	220V HCI-T 150W	3000K	24套	裙楼
6	LED投光灯	Wall Washer Shield AC XB-18 WW	220V LED 28W 10°	3000K	24套	裙楼
7	洗墙埋地灯	8015	220V HCI-T 35W G12	3000K	42套	裙楼
8	线型LED灯具	CLFP20-1000-N-CL-O	24V DC LED 10.5W/m 120°	6000K	728m	DMX控制、配安装轨道安装于塔楼角部
		CLFP20-1000-L30-CL-O		3000K	2333m	
		CLFP20-1000-W-CL-O		4200K	5164m	
9	线型LED灯具	CV3F-E1000-0030WT6-00	24V DC LED 7.2W/m 120°	4200K	2844.8m	ON/OFF控制、配100台350W电源安装于设备层
10	线型LED灯具	CLFP30-1000-L30-CL-O	24V DC LED 6W/m 60°凸透镜	3000K	1195m	裙楼
11	LED点型灯具	Dot.XL-9 RGB	15V DC 3.5W/点 150mm 点间距，约 100mm 安装间距、 120°	RGB	544套	塔楼立面
					1088套	塔楼立面
12	线型LED灯具	STP-M0600-0012WHL-00	24V 12×1W LED 10×60°	2700K	740套	塔楼十层以下
		STP-M0900-0018WHL-00	24V 18×1W LED 10×60°		1700套	
13	线型LED灯具	CLFP30-1000-L30-CL-O	24V DC 6W/m 120°	3000K	166.3m	裙楼
14	线型LED灯具	CLFP30-1000-N-CL-O	24V DC 6W/m 120°	5300K	87.2m	裙楼

序号	灯具/名称	灯具规格	电压/功率	色温	数量	安装部位
15	投光灯	FGD－025.007（6°） 13°×36°	220V HCI－T 150W G12	3000K	78 套	塔冠
16	探照灯	FALCON BEAM ARC white	氙气光源 7000W	6000K	12 套	塔冠

　　灯具安装与管线敷设全部隐藏于幕墙装饰板内侧，整体灯具安装与幕墙深度融合。所有供电及控制设备全部集中设置于设备层，方便施工及后续维护，外幕墙灯具实现工厂化安装。图 7-9 为样板段调试过程。

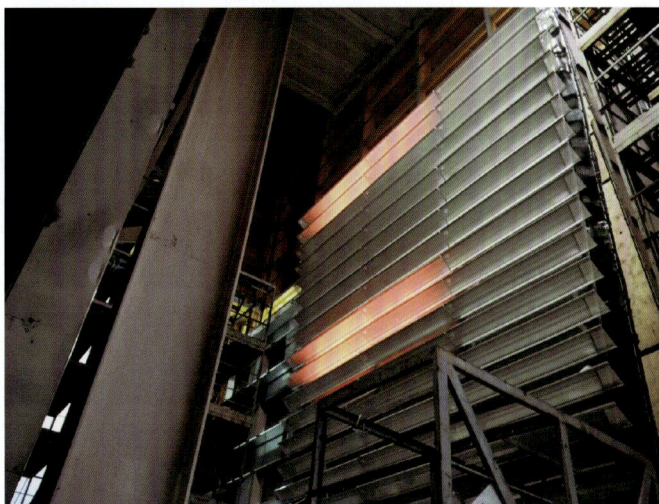

(a) 格栅照明样板

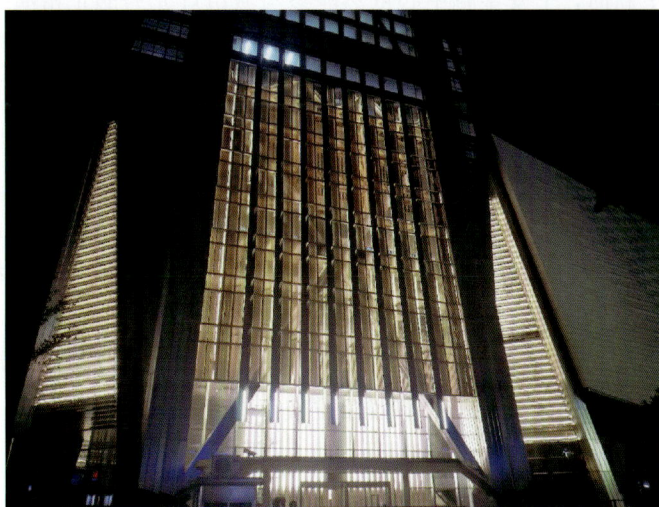

(b) 内透照明样板

图 7-9　样板段调试过程

值得一提的是，深圳平安金融中心照明工程分为两个标段，65层以上的第一标段灯具受高空水汽、雷电、强流、昼夜温差大等恶劣条件的影响经常出现异常，维护成本逐年增高，于2022年12月进行了一轮更新，将65层以上灯具替换为二次封装IP68 DC 48V的灯具，同时将控制器更换为新一代防雷防脱控制器，不仅解决了超高层长距离传输供电问题，还确保了超高层建筑夜景照明的稳定性，更新后灯具参数见表7-8。

表7-8
灯 具 设 备 基 本 参 数

型号	外形尺寸/mm			光源颗粒数	光束角（110°）		控制方式
YD-DG-60	长	宽	高	12pcs	水平	109.5°	DMX512
	75.6	67.7	17.6		垂直	110.8°	
重量				灯体材质			
0.085kg				共混改性工程塑料			

输入电压	额定功率	功率因数	使用寿命	防护等级	防触电类别	发光面尺寸	抗冲击等级
48V	3W	—	50 000h	IP68	Ⅲ	$\phi60.1mm$	IK10

在此灯光布局下，如何实现两个不同厂家的灯具和控制系统的顺畅衔接，解决系统时延和颜色差异问题，以及如何在灯具换新时不影响灯光秀正常运行，都是不小的挑战。

平安金融中心夜景提升作为城市重点更新项目，在更新中需沿用原始安装结构与线路，对灯具的形状、管线甚至接插件等照明设备进行全定制，不仅确保整座大厦上下光效、密度协调统一，也减少了高空作业的施工难度与成本。

为确保在夜景更新时，平安金融中心依然能参与城市灯光秀的正常演绎，采用"划区域、分时段"的更新策略，由技术人员在设备层组装灯具后逐一写码再进行安装。

要想实现美轮美奂的灯光变换，除了高品质灯具，控制系统也是必不可缺的重要部分。为了应对项目中存在的不同协议之间灯具的同步控制与顺畅衔接的挑战，通过1:1复原网络布局，搭建具备强大兼容能力的控制系统。

通过软硬件开发定制，不仅让改造后的灯具与原有灯具色彩保持一致，实现同步控制，还可以无需重复审核操作，直接纳入深圳市（福田区）城市灯光管理中心统一管理，确保平安大厦与周围建筑的整体联动。

夜幕降临，城市灯光秀在深圳繁华的CBD商圈精彩上演，氛围感拉满，引来人潮如织，这也让提质改造后的深圳平安金融中心照明工程被市民交口称赞。

7.2.2　深圳地王大厦

1. 项目概况

项目位于深圳市罗湖区，又称信兴广场深圳地王商业大厦，建筑方案由美国华人建筑设计师张国言设计，是一座集办公、商业于一体的超高层综合性建筑组群，是深圳特区20世纪90年代中期耸立起来的一座重要标志性建筑，也是当时中国最高的建筑物。

2. 设计策略

以深圳经济特区建立40周年为契机，贯彻"见光不见灯"的设计理念，综合考虑各种环境因素，灯具的选择注重发挥最大的照明效率，防止造成光污染，以近距离垂直照射，便于维护的方式，合理地选择灯具的安装位置。

顶尖的照明技术与超高的建筑结构融为一体，形成强大的冲击力，将大厦的结构美感展现出来，并将其特有的形态精髓描绘出来，室外景观浑然天成，凸显出现代恢宏的特质。深圳地王大厦夜景如图7-10所示。

(a) 鸟瞰角度

(b) 鸟瞰角度

图 7-10 深圳地王大厦夜景（一）

建筑面积共 43.70 万 m²，集甲级写字楼、观光和商务会所等主要功能于一体，这座 528m 的北京第一高楼创造了 8 项世界之最、15 项中国之最，被评为"中国当代十大建筑"。

"中国尊"的结构形式由混凝土核心筒+组合巨柱+巨型钢斜撑+带状钢桁架的混合结构组成，充分体现了建筑科技与东方美学的融合。其建筑形态源于中国传统礼器之"尊"，承载着中国传统文化的"天圆地方"、道儒互补的主体精神。圆，是中国道家通变、趋时的学问；方，是中国儒家人格修养的理想境界："智欲其圆道，行欲其方正"，"中国尊"承天启地，顺时安民，是融合了现代科技与传统文化的北京 CBD 核心区的灵魂建筑。

2. 设计策略

北京中信大厦夜景照明，从设计伊始就追求卓越，将建筑艺术与灯光艺术、传统文化与现代科技完美融合，引领中国建筑景观照明的新高度。夜景照明从规划维度，遵从建筑化灯光为第一诉求，在此基础上，将北京中信大厦的立面，演化为夜间的展现载体，将建筑之美与城市文化底蕴紧密结合起来。通过对天安门、建国门、北京站、工体、双井等多角度的模拟，设定的照明方案既能够保障远眺效果清晰，也能保障实现近赏时细腻的观感。

根据建筑结构，划分为塔基、塔身、塔冠三个部分。塔基部分的照明，考虑避免对周边交通环境和室内办公环境产生眩光，建筑底部裙边外沿上方用沉稳大气的灯光照亮塔楼的底部基座，采用漫反射与点状灯具结合的方式，突出基座之沉稳、建筑之灵动；塔身部分采用线性灯具，通过与幕墙结构的巧妙结合，充分表现建筑之美。

北京中信大厦日景及夜景如图 7-11 所示。

(a) 日景

图 7-11 北京中信大厦日景及夜景（一）

(b) 人视角度夜景

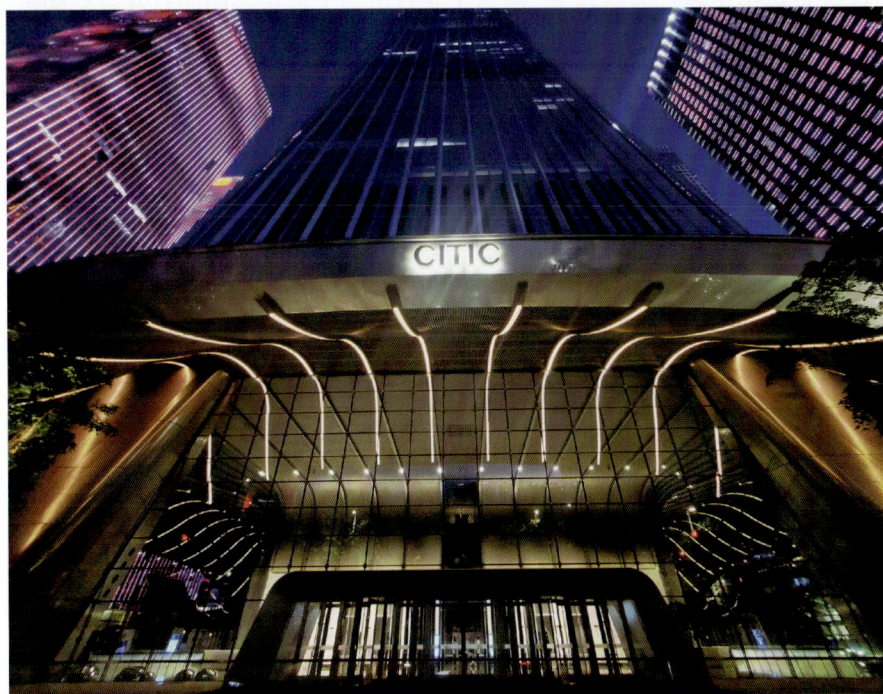

(c) 入口照明细节

图 7-11　北京中信大厦日景及夜景（二）

开灯模式及总体能耗见表 7-11。

表 7-11　　　　　　　　　　开灯模式及总体能耗

模式划分	开灯时间	开灯率（%）
重大节假日模式	18:00—22:00	95
一般节假日模式	18:00—22:00	75
平日模式	18:00—22:00	50
深夜模式	22:00—05:00	5
总功率/W	功率密度/（W/m²）	装饰照明占比（%）
256 200	0.59	96

建筑主体使用线型灯具数量大、规格复杂，如下安装空间仅有 36～40mm，灯具放入后仅有 2mm 的空隙，安装现场高空作业难度巨大，为此提出了超高层建筑 LED 灯具免螺钉安装技术，采用插挂锁的方案实现了施工现场的无螺钉快速安装；研发了剪式单侧紧固螺栓、对穿紧固螺栓，一侧为挂接灯具的蘑菇头，另一侧为幕墙固定螺栓，可以预先在幕墙生产车间进行插入安装。在灯具背面设计钥匙孔安装支架，即可在安装现场实现蘑菇头挂接。超高层建筑 LED 灯具现场免螺钉安装技术，解决了北京中信大厦夜景照明灯具安装和维修空间狭小的问题，成功提高了安装速度，最大限度减少了高空坠物的风险，极大地缩短了高空安装工期。目前该项技术已获授权实用新型专利 2 项：一种 LED 灯具高空固定装置（专利号：ZL201621166984.1）和照明组件（专利号：ZL201720471780.7）。北京中信大厦细部节点说明如图 7-12 所示。

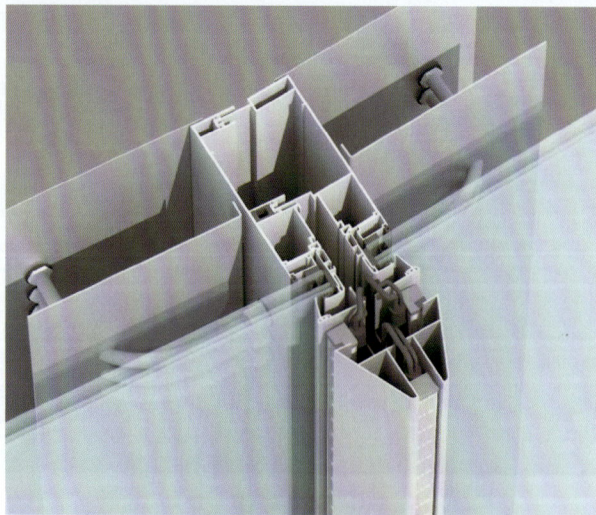

（a）灯具安装槽三维模拟图

图 7-12　北京中信大厦细部节点说明（一）

室内

内附板开孔测量基准点

铝合金管外径20mm×厚2mm，丝牙长度40mm
铝合金材质锁母厚度5mm，直径36mm×19mm，带丝牙
四氟密封垫40mm×22mm，厚2mm
幕墙内附板开孔直径26mm

57.4

26　17.4　165

165

结构密封胶
加强密封

结构密封胶
加强密封

55

幕墙增加160mm×160mm方形3mm厚铝板堵板
颜色同背衬板

幕墙增加160mm×160mm方形3mm厚铝板堵板
颜色同背衬板

160　25　77
40　97　38　41

50　43

160
41　38　100　96

幕墙U形内腹板开孔宽34mm×高113mm
铝合金型材开孔直径23mm
左侧三个

幕墙U形内腹板开孔宽34mm×高73mm
铝合金型材开孔直径23mm
右侧两个

35

5.04

1.02

幕墙内腹板开孔宽30mm×高97mm水平长孔（左侧三个）
长孔原因是住右侧铝型材深入部分长度是65mm，
幕墙可在腹板背面加HALF板固定，然后打密封胶

42　38.0　38.0

185　108

66.0　66.0

66.0　54.0

34.0

5　36.5　5

155

7.08

6.18　M6×50

3.18

3.87

2.03

铣除标高35m下方幕墙接头上下两板块端头宽25mm×高180mm

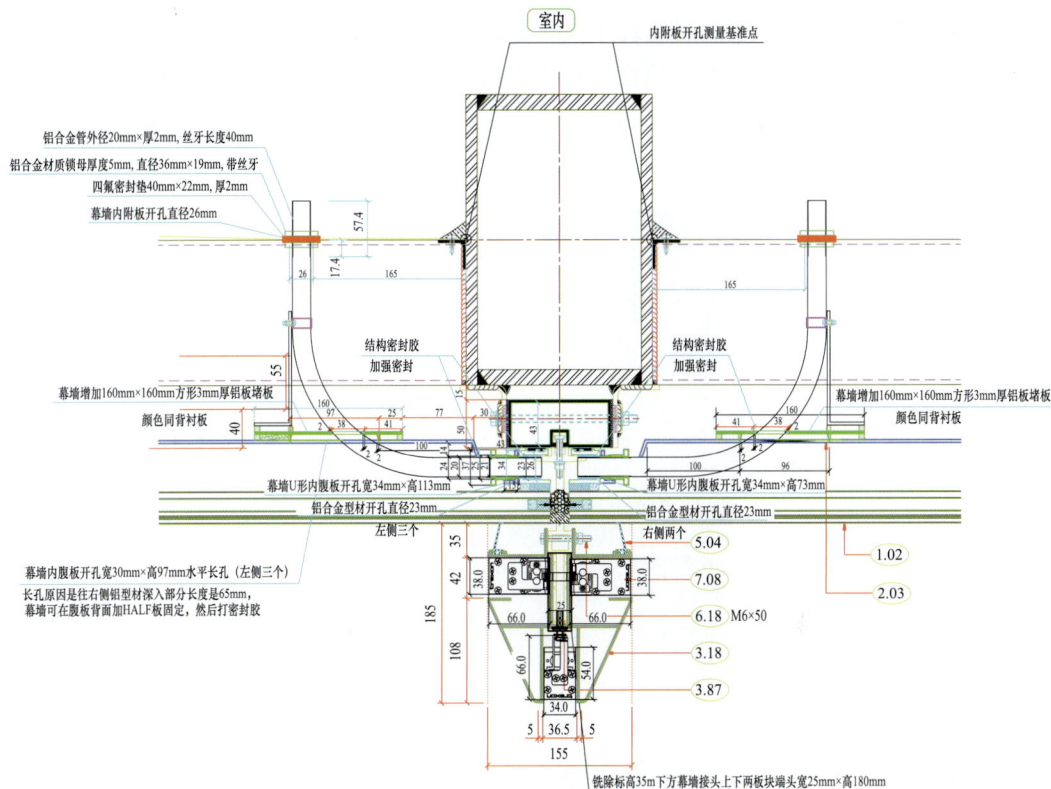

(b) 灯具安装节点图

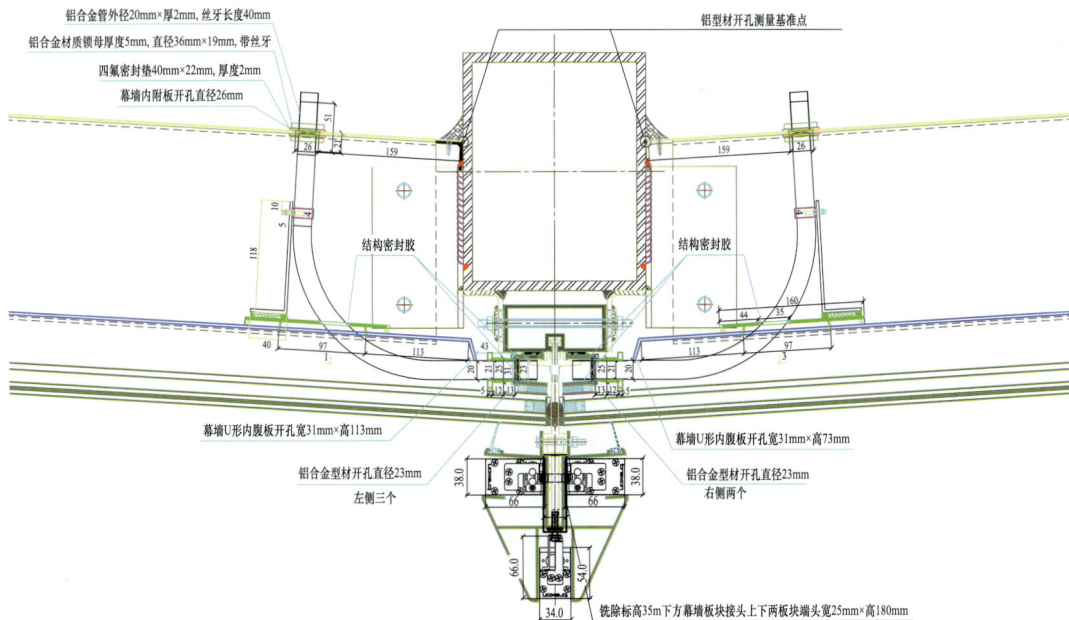

铝合金管外径20mm×厚2mm，丝牙长度40mm
铝合金材质锁母厚度5mm，直径36mm×19mm，带丝牙
四氟密封垫40mm×22mm，厚度2mm
幕墙内附板开孔直径26mm

铝型材开孔测量基准点

51
26　21

159

159

21　26

结构密封胶

结构密封胶

118　10
5　4

44　35　160

40　97　113

43

113

20　20

幕墙U形内腹板开孔宽31mm×高113mm
铝合金型材开孔直径23mm
左侧三个

幕墙U形内腹板开孔宽31mm×高73mm
铝合金型材开孔直径23mm
右侧两个

38.0　38.0

66　66

66.0　54.0

34.0

铣除标高35m下方幕墙板块上下两板块端头宽25mm×高180mm

夜景照明在幕墙上配铝导管左右成镜像，左侧幕墙板块三根右侧幕墙板块四根导管，上下两组板块共十根导管。
夜景照明幕墙开孔示意图2 (设备层拐角面共28处)
依据：按照幕墙设计师要求所有设备层节点采用Z15-PE-C03- - - -G版 (103 F)

(c) 灯具安装节点图

图 7-12　北京中信大厦细部节点说明（二）

在安装过程中，实施了超高层建筑灯具固定免螺栓安装技术，特制螺栓如图 7-13 所示。不仅解决了夜景照明灯具安装和维修空间狭小的问题，同时成功提高了安装速度，最大限度地减少了高空坠物的风险，极大地缩短了高空安装工期；塔冠充分结合内透与幕墙线性灯具，形成核心的地标效应。

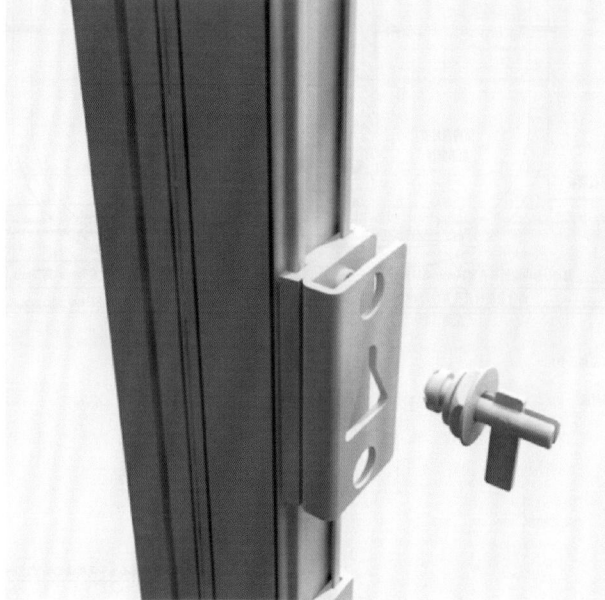

图 7-13　特制螺栓

3. 技术控制

夜景照明全部采用节能的 LED 灯具，整个灯控系统架设在标准以太网络上，利用 TCP/IP 组网技术，采用灯光控制引擎做场景模式管理，将 DMX 信号长距离传输到百米的各个功能空间。全彩灯具能够实现 1670 万种颜色，以 250mm 为单位进行点对点逐帧控制指令，采用 30 帧/s 的信号刷新率，保证了画面的平滑流畅。LED 灯具和控制系统支持 RDM 协议，能够实时反馈电流、电压信息，做到过温报警、故障定位。动画视频及灯具的故障反馈均能够实时显示，真正地实现了建筑媒体的智能控制技术。

主要灯具基本参数见表 7-12。

表 7-12　　　　　　　　　　　　　　灯 具 基 本 参 数

灯具类型	功率/W	光束角/（°）	光效/（lm/W）	光色	控制方式	安装区域
LED 线性灯	15	10×60	75	4000K	DMX 512	建筑立面
LED 线性灯	30	15×30	75	4000K	DMX 512	建筑立面
LED 线性灯	15	120	R：70 G：90 B：40	RGB	DMX 512	建筑立面

续表

灯具类型	功率/W	光束角/（°）	光效/（lm/W）	光色	控制方式	安装区域
LED 投光灯	49	10	100	4000K	DMX 512	建筑立面
LED 点光源	10	120	R：70 G：90 B：40 W：75	RGBW	DMX 512	建筑首层立面

典型灯具详细参数

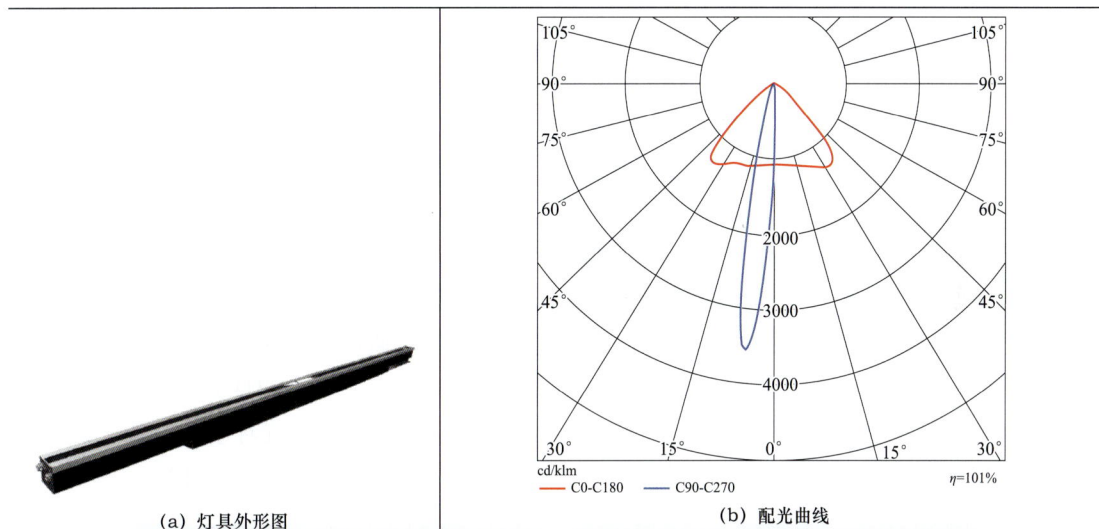

(a) 灯具外形图

(b) 配光曲线

灯具型号	光源种类	单灯功率/W	灯具数量/套	总功率/W	光色/K	布灯方式	安装高度
XNE－1	中功率 LED	15	27 144	407 160	4000	嵌入式安装	结合幕墙

总光通量/lm	有效光通量/lm	峰值光强/cd	光束效率/（%）	光束角/（°） 水平	光束角/（°） 垂直	功率因数	频闪 SVM
1218	975	≥2600	≥80	10	60	＞0.95	＜1

　　北京中信大厦的建筑高度为 528m，采用的 LED 灯具数量共计 70 664 套，即使是相同的 10W/m 的 4000K 线型灯，因其所在高低位置、建筑外形弧度不同，也有多达 9 个长度和差异化附件的不同型号，安装时需区分控制线朝向、出光方向等不同规格。数量巨大而复杂的灯具规格、幕墙上的狭小安装空间，以及紧迫实施周期，都给项目实施带来了巨大困难。为确保北京中信大厦项目的夜景照明效果和如期完工，从设计到实施前后历经四年多的试验验证，创新提出了 LED DMX＋RDM 智能控制技术、超高层建筑 LED 灯具现场免螺钉安装技术、无配重悬挂定制吊篮及可拆卸擦窗机高空安装技术等多项专利技术，从多个层面为项目的顺利进展提供了充足的保障。

　　"中国尊"以其中国传统礼器之"尊"和"天圆地方"的建筑形态，传承了中国几千年的历史文化，而我国先进的超高层建筑照明一体化设计和施工技术的成功应用，使"中国尊"

不仅代表了北京的新高度，同样代表了建筑景观照明工程技术的新高度。建筑艺术与传统文化、现代科技的完美结合，造就了"中国尊"灿若星河、剔透灵动的灯光效果，"中国尊·中信情·中国梦"的主题彰显，带给世人一场震撼人心的艺术盛宴！

7.4　西南地区（成都蜀峰 468 大厦）

1. 项目概况

成都蜀峰 468 大厦（建设中）位于成都的发展新区——东村文化创意产业区中轴门户，是未来商业规划的核心，西南地区第一高楼，成都新地标。其建筑由一栋 468m 的主塔楼、2 座超 100m 的附塔楼和一座 3 层会议裙楼组成，总建筑面积 45 万 m²。成都蜀峰 468 出自国际顶尖设计大师团队之手，项目的设计灵感也是来源于四川海拔达 7000m 的贡嘎雪山。设计团队以贡嘎冰峰的形态，量身打造了总建筑高度 468m、共计 101 层的摩天大楼。

2. 设计策略

照明充分结合建筑本身的表皮特征，以现代科技、成都人文为灵感奉献了一场视觉盛宴。从抽象的多媒体艺术到具象的城市化宣传；从山、水、人、城的颂歌到关怀、支持、幸福、希望的正能量输出……本案的光学精度控制极具参考价值，通过参数化建模优化灯具布局，使照明系统与建筑结构高度协同，结合建筑折面特征设计了有针对性的灯具安装角度，通过建筑几何形态与光学工程的系统整合，实现了标志性视觉效果与严格光环境控制的平衡。

成都蜀峰 468 大厦夜景如图 7-14 所示，其开灯模式及总体能耗见表 7-13。

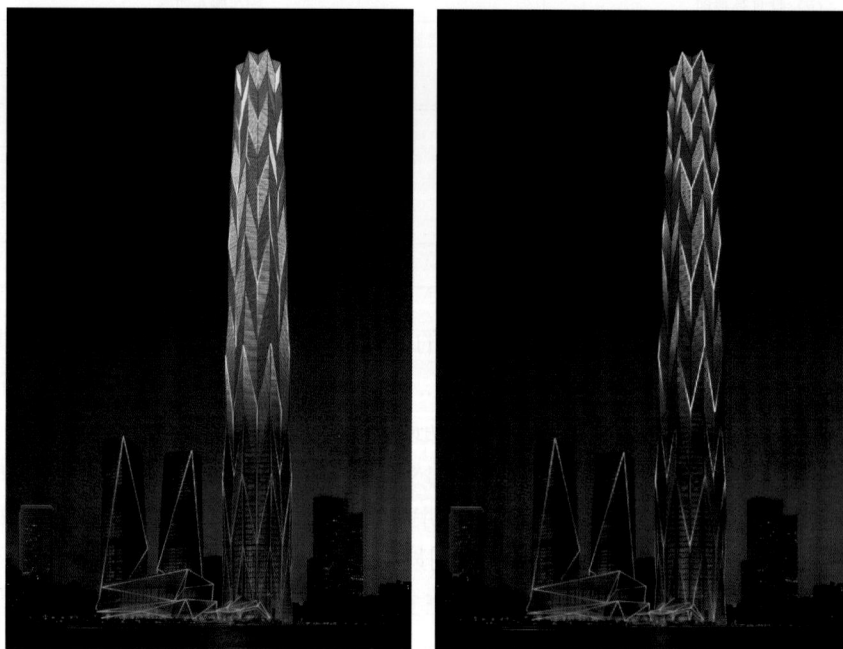

(a) 平日模式 1　　　　　(b) 平日模式 2
图 7-14　成都蜀峰 468 大厦夜景（一）

(c) 节日模式

图 7-14　成都蜀峰 468 大厦夜景（二）

表 7-13　　　　　　　　　　　　开灯模式设计及总体能耗

模式划分	开灯时间	开灯率（%）
重大节假日模式	18:00—21:00	100
一般节假日模式	18:00—21:00	60
平日模式	18:00—21:00	40
深夜模式	21:00—24:00	20
总功率/W	功率密度/（W/m²）	装饰照明占比（%）
960.64	3.11	95

3. 技术控制

在照明设计中，始终秉持合理利用能源、守护黑天空的原则，严格控制功率密度及上射光通比，倡导天、地、人和谐共生的理念。照明设计结合幕墙结构进行灯具产品一体化设计（见图 7-15），有效解决了抗风、抗震、抗紫外线，防漏水、防灰尘吸附、防高空坠落等一系列安全隐患，同时确保白天建筑的美观度不受影响。照明设计经过大量的前期调研和技术分析，制定了科学的灯光参数；通过精准地控制和色彩还原，实现了为成都带来一份赏心悦目的夜晚美景的目标。

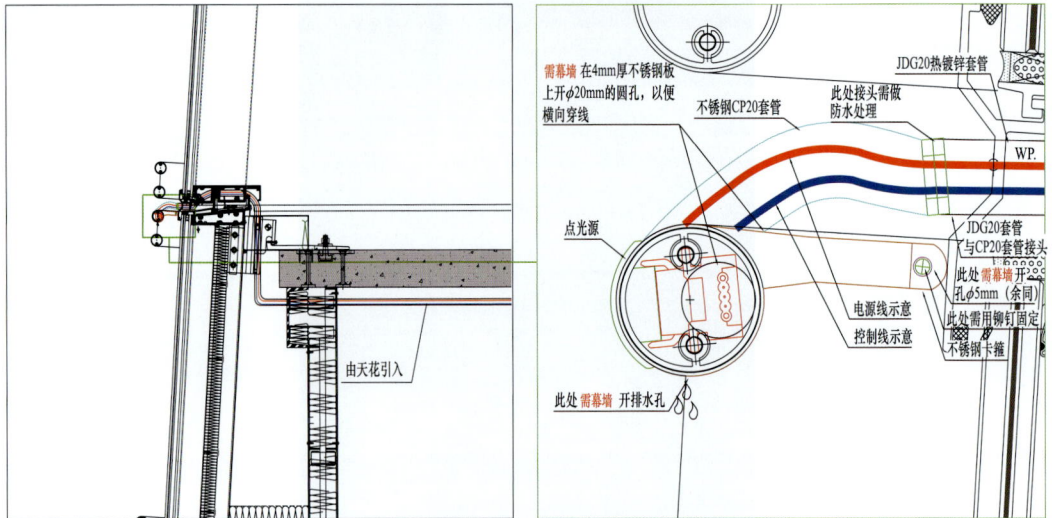

(a) 灯具安装节点

(b) 灯具样式

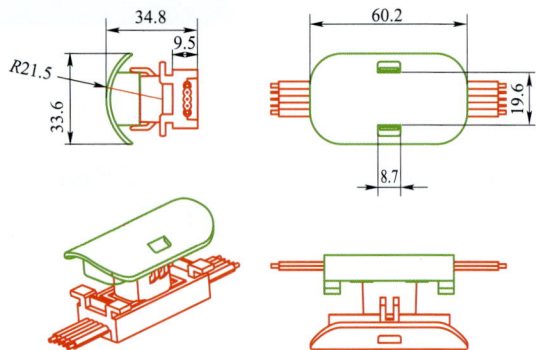

(c) 灯具尺寸

图 7-15 成都蜀峰 468 大厦细部节点说明（单位：mm）

主要灯具基本参数见表 7-14。

表 7-14　主要灯具基本参数

灯具类型	功率/W	光束角/(°)	光效/(lm/W)	光色	控制方式	安装区域
LED 点光源	2	120	R: 30 G: 40 B: 20	RGB	DMX 512	建筑外立面
LED 筒灯	24	15	85	3000K	开关	雨棚吊顶

灯具类型	功率/W	光束角/(°)	光效/(lm/W)	光色	控制方式	安装区域
LED 线型灯	16	120	85	5000K	DMX512	建筑外立面、雨棚
LED 投光灯	9	15	—	灰度 0~100%	DMX512	雨棚桁架
LED 探照灯	1500	0~15	—	—	DMX512	屋顶
LED 点光源	20	120	—	RGB	DMX512	建筑外立面
LED 点光源	12	120	—	5000K	DMX512	建筑外立面
LED 点光源	36	120	—	5000K	DMX512	建筑外立面
LED 点光源	12	120	—	5000K	DMX512	建筑外立面

灯光与建筑、幕墙的通力合作，让灯具成为建筑内的一部分，整体形象简洁有力。媒体动画团队的介入让建筑的夜景更加具有艺术性，以"与自然同处，与城市共生"的设计理念，为城市发展贡献绿地力量。

7.5 东北地区（长春海容广场）

1. 项目概况

项目位于长春新区所辖长春高新区和朝阳区、长春南部都市经济开发区三区交会的核心区位，占据长春西南板块的中心位置，建筑总面积 55.4 万 m^2。项目核心位置规划三栋超高层甲级写字楼，一栋核心商业配套综合楼。其中：塔楼 A 座高 249m，塔楼 B 座高 200m，塔楼 C 座高 164m，D 座核心商业配套综合楼高 28m。

长春位于中高纬度地区，受纬度因素影响，其气候表现出明显的四季分明特点。春季气温回升较快，但昼夜温差较大，天气多变，常有大风和沙尘暴天气出现；夏季气温较高，湿度较大，是长春的旅游旺季；秋季气候宜人，阳光充足，是旅游和收获的季节；冬季寒冷漫长，气温较低，城市冬季取暖导致空气能见度相对较低。

2. 设计策略

照明设计不仅局限于建筑物体的夜景装饰，还要结合整个区域的环境及文化背景综合考虑，用灯光表现出建筑的现代气息和艺术感染力，并强调照明城市效果，塑造能够表达城市意向的光环境，创造出具有生命力的照明主题，形成长春海荣广场独特的个性和氛围，做到技术与艺术的完美交融。

长春海容广场的照明设计，结合当地极寒条件，给冬季设置了黄色为主的开灯模式，这不仅仅是出于冷暖色调给人的温度感，抵消北方冬季萧瑟阴沉的感官基调，更重要的是出于不同光谱对于雾霾的穿透性差别，选择透雾性较好的黄色光谱作为主色调。

长春海容广场日景及夜景如图 7-16 所示，其开灯模式及总体能耗见表 7-15。

(a) 日景鸟瞰角度

(b) 夜景整体鸟瞰角度

图 7-16　长春海容广场日景及夜景（一）

(c) 夜景人视角度

图 7-16　长春海容广场日景及夜景（二）

表 7-15　　　　　　　　　　　　开灯模式及总体能耗

模式划分	开灯时间	开灯率（%）
重大节假日模式	18:00—22:00	90
一般节假日模式	18:00—22:00	80
平日模式	18:00—22:00	60
深夜模式	22:00—05:00	20
总功率/W	功率密度/（W/m^2）	
3 569 000	30.7	

3. 技术控制

如图 7-17 所示，对于下雪量比较大的极寒城市，应避免灯具突出于幕墙形成积雪平面，造成结冰的高空坠物风险，在长春海容广场塔楼照明节点设计上，选择了表面平滑、防坠系数高，易于限位及检修的安装策略，以应对寒冷冬季手指僵硬、防寒措施厚重导致的高空作业不便的问题。低区选择定制偏光灯具，完美融于建筑表皮的同时控制眩光。

(a) 极寒城市灯具结冰问题示意图

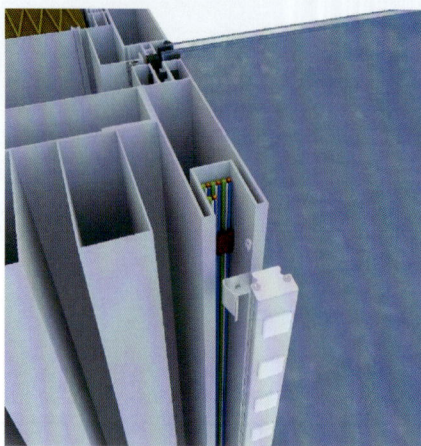

(b) 塔楼节点三维模拟

(c) 裙楼节点三维模拟

图 7-17　节点细部说明

主要灯具基本参数见表 7-16。

表 7-16　　　　　　　　　　　　主 要 灯 具 基 本 参 数

灯具类型	功率/W	光束角/（°）	光效/（lm/W）	光色	控制方式	安装区域	数量
L01 条形灯	12	120	R：75 G：100 B：40 W：90	RGBW	DMX 512 每米 10 段单独 控制，自动编址	塔楼立面	26 048
L02 条形灯	36	60	R：75 G：100 B：40 W：90	RGBW	DMX 512 单灯控制 自动编址	塔楼顶部	240
L03 条形灯	18	15×40 偏 7	90	3000K	DMX 512 单灯控制 自动编址	群楼立面	424

7.6 海外地区（马来西亚 PNB118 大厦）

1. 项目概况

马来西亚 PNB118 大厦，这座令人瞩目的摩天大楼，其开发商背景雄厚，隶属于马来西亚政府旗下的国民投资机构（PNB，简称国投）。作为国投的全资子公司，国投默迪卡创投公司（简称国创）承担了这座大楼的开发与建设任务。在国际高层建筑与都市人居学会（CTBUH）的认证下，马来西亚 PNB118 大厦以 725m 的高度，成功超越了上海中心大厦（632m），仅次于哈利法塔（828m），荣登世界第二高楼的宝座。

作为国创的重点项目，马来西亚 PNB118 大厦的规划和设计充分考虑了马来西亚的文化特色、气候条件和环保要求。建筑外观独特，融合了传统与现代元素，彰显了马来西亚多元文化的魅力。其内部功能齐全，包括办公室、酒店、公寓、商场等多种用途，为市民和游客提供了便捷的公共服务。

2. 设计策略

马来西亚 PNB118 大厦也称为"118 独立大厦"，这座摩天大楼位于吉隆坡历史悠久的地区，是为 1957 年马来西亚发表独立宣言而修建的具有历史意义的场地。建筑俯瞰独立体育场，建筑物外立面的三角形玻璃平面的灵感来自马来西亚手工艺品中的图案，如图 7-18 所示，该建筑旨在丰富"城市的社会能量和文化结构"，该设计还"象征性地定义了丰富文化的组合"。

马来西亚总理伊斯梅尔将该项目描述为"未来的标志性塔"。

图 7-18 马来西亚 PNB118 大厦夜景

总体能耗统计见表 7-17。

表 7-17　　　　　　　　　　　　　　总 体 能 耗 统 计

总功率/kW	功率密度/（W/m²）	装饰照明占比（%）
252	2.1	0.5

3. 技术控制

灯具安装节点手绘图如图 7-19 所示。

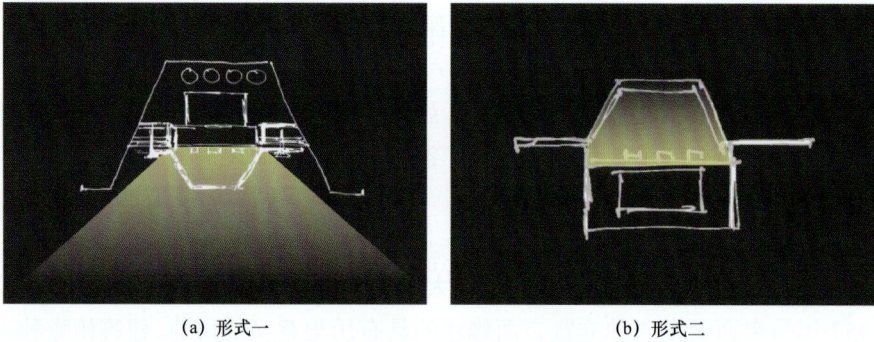

(a) 形式一　　　　　　　　　　　(b) 形式二

图 7-19　灯具安装节点手绘图

项目非标灯具规格达到 73 项规格尺寸，700 多米的超高层建筑对于灯具的抗震、高温高湿、机械强度、IP 等级、传输距离等要求远高于一般建筑。

（1）双 85 测试（见图 7-20）。

图 7-20　双 85 测试认证报告

1）针对 LED 驱动电源试验时间：500h。

2）针对灯具项目要求：1000h。

3）试验后灯具能够正常工作。

（2）振动测试（见图 7-21）。

1）振动方向是最不利的方向（X/Y/Z 3 个方向）。

2）频率范围：5～30Hz 寻找基本共振点。

3）振幅：最小 1.6mm。

4）加速度：3g，10 万次振动，持续时间大于 60min。

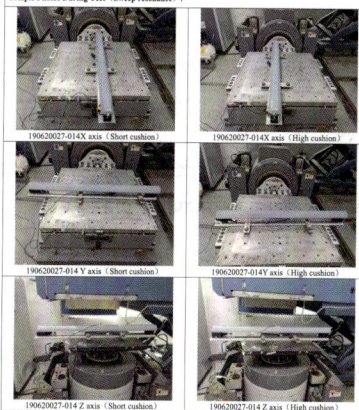

图 7-21　振动测试认证报告

（3）冷热冲击测试（见图 7-22）。

1）+80℃条件下保持 2h，转换时间小于 1min。

2）-40℃条件下保持 2h，转换时间小于 1min 进行 10 个周期。

3）功能检查和外观检查。

（4）盐雾测试（见图 7-23）。

1）酸性盐雾（pH3.1～3.3），24h。

2）烘干 24h；进行 3 个循环，共计 6 天。

3）碱性盐雾（pH12.4～12.7），24h。

4）烘干 24h；进行 3 个循环，共计 6 天。

主要灯具参数见表 7-18。

［10］《体育场馆照明设计及检测标准》（JGJ 153）。

［11］《城市夜景照明设计规范》（JGJ/T 163）。

［12］《导光管采光系统技术规程》（JGJ/T 374）。

［13］《采光测量方法》（GB/T 5699）。

［14］《照明测量方法》（GB/T 5700）。

［15］《光源显色性评价方法》（GB/T 5702）。

［16］《照明光源颜色的测量方法》（GB/T 7922）。

［17］《光环境评价方法》（GB/T 12454）。

［18］《视觉工效学原则　室内工作场所照明》（GB/T 13379）。

［19］《玻璃幕墙光热性能》（GB/T 18091）。

［20］《中国古典建筑色彩》（GB/T 18934）。

［21］《博物馆照明设计规范》（GB/T 23863）。

［22］《LED 室内照明应用技术要求》（GB/T 31831）。

［23］《LED 城市道路照明应用技术要求》（GB/T 31832）。

［24］《照明工程节能监测方法》（GB/T 32038）。

［25］《LED 体育照明应用技术要求》（GB/T 38539）。

［26］《LED 夜景照明应用技术要求》（GB/T 39237）。

［27］《温室气体　产品碳足迹量化方法与要求　照明产品》（GB/T 45818）。

［28］《智能照明系统应用技术要求》（待批）。

［29］《建筑环境设计　室内环境　视觉环境设计方法》（待批）。

［30］《Light and lighting-Commissioning of lighting systems in buildings》（ISO/TS 21274）。

［31］《Light and lighting-Commissioning of lighting systems in building-Explanation and justification of ISO/TS 21274》（ISO/TR 5911）。

［32］《安全生产等级评定技术规范　第 45 部分：城市照明设施施工维护单位》（DB11/T 1322.45）。

［33］《城市道路照明设施运行维护规范》（DB11/T 1876）。

［34］《地下空间照明设计标准》（T/CECS 45）。

［35］《室内灯具光分布分类和照明设计参数标准》（T/CECS 56）。

［36］《智能照明控制系统技术规程》（T/CECS 612）。

［37］《直流照明系统技术规程》（T/CECS 705）。

［38］《LED 室内照明建筑一体化技术规程》（T/CECS 1122）。

［39］《健康建筑评价标准》（T/ASC 02）。

［40］《健康社区评价标准》（T/CECS 650 | T/CSUS 01）。

［41］《健康小镇评价标准》（T/CECS 710）。

［42］《健康照明检测及评价标准》（T/CECS 1365）。

［43］《照明用 LED 驱动电源技术要求》（T/CECS 10021）。

［44］《"领跑者"标准评价要求　教室照明产品》（T/EES 0002）。

［45］《质量分级及"领跑者"评价要求　展陈照明产品》（T/CSTE 0284）。

［46］《中小学教室光环境测量方法》（T/JYBZ 025）。

参 考 文 献

[1] 金珠，王俊，李志业. 关于超高层建筑照明设计的思考——《超高层建筑夜景照明工程技术规程》的解读 [J]. 照明工程学报，2021，32（1）：153-154.

[2] 胡玉银. 超高层建筑的起源、发展与未来（一）[J]. 建筑施工，2006，29（1）：71-73.

[3] 肖旭东. 绿色建筑生命周期碳排放及生命周期成本研究 [D]. 北京：北京交通大学，2021.

[4] 项颖知. 上海8月起投光扰民将面临处罚 [N]. 东方城乡报，2022-07-22（2）.

[5] 李兴林，韩彦军，洪晓松，等. LED照明设计与选型若干问题的探讨 [J]. 电气应用，2009，28（11）：14-18.

[6] 刘刚，彭晓彤，苏琛浩. 人工照明对鸟类影响研究综述 [J]. 照明工程学报，2017，28（6）：70-76.

[7] 朱伟凯，周鹏，王洪亮，等. 基于双碳双减背景下城市夜景照明设计与光环境质量评价办法的研究——以杭州延中大楼为例 [J]. 照明工程学报，2022，33（5）：144-156.

[8] 汪曙东. 浅谈BIM技术在机电管理的作用 [J]. 建筑·建材·装饰，2019.

[9] 李忠. LED光源器件技术营销模式运用研究——以RF光电公司为例 [D]. 武汉：华中师范大学，2017.

[10] 王晓梦. 白光LED光源显色性评价实验研究 [D]. 广州：华南师范大学，2016.

[11] 刘敬坤. 矢量网络分析仪系统锁相技术 [J]. 科技信息，2008（3）：369-471.

[12] 吴智泉，刘明浩，王滲，等. 园区建设施工阶段碳中和实施方案研究 [J]. 智能建筑与智慧城市，2022（5）：129-134.

[13] 毛志兵. 高层与超高层建筑技术发展与研究 [J]. 施工技术，2012，41（23）：4-10+22.

[14] 刘科. 夏热冬冷地区高大空间公共建筑低碳设计研究 [D]. 南京：东南大学，2020.

[15] 高作公. 办公空间中智能化设计的应用研究 [D]. 哈尔滨：哈尔滨师范大学，2016.

[16] 李忱涛. 层商住楼的电气照明设计与研究 [D]. 西安：长安大学，2012.

[17] 霍振宇. 夜景照明设计中的电气安全问题探讨 [J]. 2017年四直辖市照明科技论坛，2017.

[18] 邓庆杰. 面向4G的多频段腔体合路器的研究 [D]. 南京：南京邮电大学，2016.

[19] 王俊玲. 欧盟CE认证对电气照明和类似设备的EMC要求 [J]. 安全与电磁兼容，2012（5）：53-56+68.

[20] 何明佳，胡文鹏，王森. 浅谈道路照明产品的质量要求 [J]. 中国照明电器，2021（1）：51-54.

[21] 刘鸣. 城市照明中主要光污染的测量、实验与评价研究 [D]. 天津：天津大学，2007.

[22] 叶湘明. 浅议工业建筑的电气设计 [J]. 2007年全国建筑电气设计技术协作及情报交流网年会，2007，308-318.

[23] 刘姜. 铁路客运专线隧道照明方式的研究 [D]. 武汉：华中科技大学，2014.

[24] 张俊杰. 不畏浮云遮望眼——中国当代超高层建筑的发展历程（1978——2018年）[J]. 建筑实践，2018，1（11）：10-13.

[25] 汤斌. 超高层建筑在我国发展现状浅析 [J]. 城市建设理论研究（电子版），2012（23）.

[26] 魏玮. 长沙亮化工程监管办法及其光污染控制的研究与应用 [D]. 湖南：湖南大学，2018.

[27] 段慧文. 露天安装设备设计中的风载荷计算——兼议风速时距取值 [J]. 演艺科技，2016（4）：28-33.

[28] 龚强. 超高层建筑的人性化尺度研究 [D]. 长沙：中南大学，2009.

后　记

　　上海麦索自 2005 年创立以来,有幸适逢我国超高层建设迅猛发展的黄金时期。得益于合作伙伴的信赖、行业领导的支持以及我们自身对专业水准与良好口碑的不懈追求,我们与国家超高层建设事业共同迈进了新的发展阶段。

　　伴随着一系列国家级庆典活动的举办和国内 LED 灯具产业的蓬勃发展,大批城市级媒体立面联动工程应运而生。虽然外界看来似乎设计与盈利变得相对"容易",但我们深知,必须透过表面的繁华,洞察背后潜在的问题与挑战。因此,作为一家专业的设计顾问公司,上海麦索踏上了一条与众不同的研究道路。

　　在对超高层建筑夜景照明进行深入研究的过程中,我们洞察到了一系列新兴趋势与挑战。随着科技的日新月异和人们对生活品质追求的日益提升,超高层建筑的夜景照明设计已不再满足于基础照明功能,而是向着智能化、绿色化和艺术化等多元方向发展。

　　在智能化方面,现代超高层建筑的夜景照明系统将日益融入先进的控制技术,如物联网、云计算和人工智能等。这些技术的应用可以使得照明系统能够根据时间、天气和场景等因素进行智能调节,不仅提升了照明效果,还显著降低了能源消耗。展望未来,"孪生城市"建设步伐的加快以及人工智能技术的广泛应用,有望使城市夜景规划与设计,特别是超高层建筑的夜景照明参数、更加科学化、系统化。

　　绿色化同样是夜景照明设计的重要发展方向。为降低能源消耗和减少环境污染,照明产品的选择将更加注重碳足迹报告等环保指标。同时,部分建筑还积极探索利用可再生能源如太阳能、风能等为夜景照明提供动力支持。

　　随着科技的进步和环保意识的日益加强,绿色化已经成为夜景照明设计的重要发展方向。这一理念旨在通过一系列创新手段,降低能源消耗、减少环境污染,进而实现可持续发展。在这个过程中,照明产品的选择显得尤为关键,它们需要更加注重环保指标,以推动绿色照明技术的广泛应用。在照明产品的选择上,碳足迹报告将成为重要依据。碳足迹报告能够全面展示产品在生产、运输、使用等各个环节的碳排放情况,有助于人们了解产品的环境影响。因此,选择具有较低碳足迹的照明产品,对于降低能源消耗和减少环境污染具有重要意义。

　　除了关注照明产品的环保指标外,部分建筑还积极探索利用可再生能源为夜景照明提供动力支持。太阳能和风能作为两种清洁、可再生的能源,具有广阔的应用前景。在夜景照明设计中,通过安装太阳能光伏板或风力发电机等设备,可以将自然界的能源转化为电能,为夜景照明提供稳定的动力支持。这种方式不仅可以减少对传统电能的依赖,降低碳排放,还能提升建筑的绿色形象,吸引更多人的关注和喜爱。

　　艺术化则是夜景照明设计的另一大亮点。作为城市的地标性建筑,超高层建筑的夜景照明设计往往能够展现城市的文化特色和艺术风格。虽然这一观点看似老生常谈,但长期以来,重大项目的照明设计质量与其定位之间确实存在不小差距。随着人工智能技术的深入应用,模式化的计算和参数控制将逐步被智能算法所取代,设计师将更加注重提升艺术鉴赏能力和文化底蕴。

　　展望未来，我们坚信超高层建筑的夜景照明设计将继续沿着智能化、绿色化和艺术化的道路不断前进，为城市夜景的打造注入更多活力与创新元素。同时，我们也期待更多照明设计领域的专业人士和学者能够关注这一领域的发展动态，共同推动照明设计行业的持续进步与创新发展。

上海麦索照明设计咨询有限公司创始人、灯光总设计师